EXPERT SECRETS

THE UNDERGROUND PLAYBOOK
FOR CONVERTING YOUR ONLINE VISITORS INTO LIFELONG CUSTOMERS

專家機密

流量致富時代
從圈粉到鐵粉的19個金牌腳本

暢銷
紀念版

羅素·布朗森
RUSSELL BRUNSON 著

李靜怡 譯

獻給戴肯·史密斯（Daegan Smith），

他在我對行銷失去信念，甚至起意放棄時，重新點燃我的熱情。

我很感謝他給我的啟發，讓我重新振作。

感謝我在人生中遇過的許多專業人士。

你們深刻影響了我在摔角、宗教、事業上的發展，

也影響了我看待健康與感情的方法。

感謝你們的付出，我才能有如此成長。

我也想對我超棒的小孩說，

戴林、波恩、愛麗、艾登與諾拉，

你們是我為這世界盡情付出的理由。

你們的未來，正是我此刻的動力來源。

Contents

專家機密是絕佳武器，
你的人生將會獲得大勝利

2007 年的跨年夜。

當全世界都在為進入 2008 年歡呼，我躺在床上，在我剛買未滿兩年的豪宅裡。

太太坐在一旁，我還記得當時巨大天花板吊扇朝著臉呼呼而來的風，我以前總是很享受那感覺。

主臥室的左側有一整排木質百葉窗。月光透過木百葉窗，在太太臉上映上了陰影。

她轉身面向我，眼淚滑下臉頰說道，「現在為什麼會變成這樣。你要怎麼處理啊？」

我躺著，雙手撐在頭下方，閉上眼睛，感覺憤怒占據了全身。

回想六個月前的夏天，那時我和東尼‧羅賓斯（Tony Robbins）一起站在內華達州拉斯維加斯的不動產規畫高峰會的舞台上。

那時，我的不動產事業正在擴張，我們占據了市場的大半部分。然而現在，我人躺在床上，世界正在崩塌。

接下來的四年，我陷入徹底的黑暗，與自我的黑暗面搏鬥時，

還得小心地維繫婚姻。這時，我發現了勇士之道，一種能讓我有勇氣度過每一天的哲學。

我是賈瑞特‧懷特（Garrett J. White）。

我是已婚男性。

我是個父親。

我是個生意人。

最重要的一點，我是個漏斗駭客（Funnel Hacker）。

我教已婚的男性生意人如何在婚姻、事業與生活中創造（近乎）無窮的超能力，他們無須欺騙太太、離婚、忽視小孩、叛離教會，或沉迷於藥物或酒精之中，我們運用的是一種類似遊戲、可指標化衡量的「戰士的無限之道」。

我沒有想當個專家。

我甚至不知道所謂的專家，到底是什麼意思？

我只是想在財務危機後好好活著，我不會知道這小小的決定會改變我的人生，甚至在許多學生、書迷的支持下，還把這個想法變成了全球運動。

在 2012 年開始「覺醒勇士」（Wake Up Warrior）的網站時，我對網路行銷、網路銷售、銷售漏斗（sales funnels）或自動化系統一竅不通。

我是個走一對一路線的行銷者，做的不外乎是不動產、保險與房地產抵押的生意，通常會親自拜訪潛在客戶。

此外，我也從來沒賣過自己生產的產品，我賣的都是他人創造

之物。

在 2012 年到 2014 年間，我開始把我的理念傳遞給全世界。雖然有所斬獲，但我還是對於在網路上分享自己的心得這事，做了不少心理調適，也開始思考銷售漏斗的科學與技術面。

接著到了 2014 年，一位我前所未聞、來自愛荷華州波夕（Boise）的專家研發出了稱為「ClickFunnels」（按鍵漏斗）的行銷軟體工具。那年秋天的尾聲，我已經用蘋果筆電創造出不少銷售文案，有個臉書客戶問我覺得 ClickFunnels 這軟體如何？當時我已用過 Kajabi、Infusionsoft、Leadpages、OptimizePress、WordPress，以及 Zapier 來建立銷售漏斗，可說是一團混亂。雖然那有點像不斷倒數的計時炸彈，但最終，在我大撒幣 20 萬美元諮詢顧問後，我總算能用那些軟體應付相關工作，它有點類似銷售漏斗守門員的功能吧。

「我沒聽過什麼 ClickFunnels，但也不想再花錢買這類軟體，我人已經在軟體災難中了。」我這麼回客戶。

2014 年我備感沮喪，似乎在這三年間我把 90％的精力都拿來處理網路軟體系統了。我很懷疑自己到底什麼時候才可以開始推廣行銷點子，又或者，我會不會因為不懂網路程式或網站設計，而永不得翻身？

幾天以後，那位客戶又傳了訊息給我，「賈瑞特，我認真的，你應該看一下 ClickFunnels。然後就可以準備把其他軟體殺掉了，用這個，然後專注在行銷、推廣覺醒勇士計畫就夠了。」

一開始我想，哪有可能？

但是他宣稱 ClickFunnels 可以取代所有其他軟體，這點滿吸引人的，因此我決定當天下午花點時間來研究研究。

結果這軟體以驚人的高速工作，平穩、順暢，就連對我這種不是出生在駭客時代、對網路設計或程式極端無知的人也有效。更不要提它確實大幅提升了我的定位、行銷與販售。

2012 年，覺醒勇士獲利 5 萬美元。

2013 年，覺醒勇士獲利 58 萬 5,000 美元。

2014 年，覺醒勇士獲利 140 萬美元（60％的收入發生在漏斗建置以後）。

ClickFunnels 平台的成效如此之快，在漏斗駭客社群激起了不小的漣漪。我在 2015 年受邀到拉斯維加斯參加首屆漏斗駭客大會（Funnel Hacking LIVE），分享覺醒勇士的銷售經驗。

參與此盛會並發表演講是一件榮幸的事。因為講者身分，我收到了那時尚未出版的暢銷書《網路行銷究極攻略》（*DotCom Secrets*）的試閱版。後來我和太太在墨西哥坎昆（Cancún）游泳池畔小歇時，一天內就把書讀完了。

2015 年，在我擁有《網路行銷究極攻略》的知識，並準備好自己的心理狀態後，我讓覺醒勇士的銷售業績一下子飆到了 360 萬美元。

我和羅素也成了多年的好友。他是我的朋友、老師、教練，為我提點運用超強軟體 ClickFunnels 應該具備的網路銷售心理學知識。有很多時候，我甚至認為讀過那本書的我，就和正拿著此書的讀者們一樣，有著超人一等的起跑點。

2016 年參加完第二屆漏斗駭客大會，《紐約郵報》希望為我做一篇關於覺醒勇士的報導，接下來，報導與品牌經營讓我們的漏斗銷售大規模攀升至 780 萬美元。

接著，2017 年羅素又再次做出創舉，他出版了關於網路行銷系統最具權威的專書，這本書勝過我在十七年行銷經驗中所閱讀的其他任何出版品。

沒錯，我說的就是你手上的這本書。

這本書不是讓你拿來消磨週末時光的，它是絕佳武器，並且能讓你像專家一樣獲得大勝利。

那天我和家人一起在後台為第三度參加漏斗駭客大會做準備時，羅素走向我，並把僅有十份試閱版的《專家機密》給了我。

我還沒讀就知道，這本書會讓我真正成為網路行銷領域的專家，而且我的公司在接下來的三、四十年裡，將在男性相關產業保持領先地位。

那晚，當家人們入睡後，我獨自熬夜讀完整本書。隔天一早我立刻傳訊息給羅素，「我不敢相信你用一本書說完這麼多。這本書本身就無價了！假如有任何新手或待過一段時間的老手，仔細讀完這本書，並按照此書的方式進行，根本就沒有失誤的可能啊！」

2014 年羅素用 ClickFunnels 為我創造的奇蹟，2017 年以《專家機密》再次展現。

這本書我書徹頭徹尾來回讀了十遍。

如你所見，我不是收錢負責寫前言的名人企業家。我只是 ClickFunnels 的愛用者，而當我追隨羅素教導的策略與做法後，結

果令我折服。

我真心相信這本書的價值，也因此我甚至買下了至少一千本的首版。2017 年我說服羅素為上千位客戶來「勇士聯盟 2」演講，並在 2018 年再次邀請他參加「勇士聯盟 3」，而且每位來參加的客戶都會收到我送的《專家機密》。

為什麼呢？

因為我認為這本書提到的概念相當關鍵，所有想成功的業界人士都應當閱讀。

2018 年，當我開始嘗試運用這本書所教給你的行銷與商業架構方法，我的覺醒勇士公司獲利達到 1,540 萬美元。

2019 年，覺醒勇士公司與專業模式獲利已達 1,960 萬美元，淨利率為 40%，並擁有十七位正職員工。

我講這些不是為了吸引你的目光。對某些讀者來說，上述成果可能相當驚人，但對有些人來說也許微不足道。我想分享的原因在於，只要你願意學習、實踐，並運用羅素·布朗森的經驗，未來將獲得無限可能。

本書和 ClickFunnels 正是答案。

我自己，以及全球超過十萬成員的漏斗駭客社群成員，將會歡迎你加入這個大家庭。

本書作者是我所知最好的人之一，而我也期待你的未來將會贏得更多，為了你自己，也為了家人。

好，現在深深吸一口氣吧。

你即將目睹大師的心中藍圖，並起身執行。

歡迎來到《專家機密》。

賈瑞特・懷特

覺醒勇士創辦者

《像個男人與戰士》（*Be the Man and Warrior*）作者

前言

流量致富時代，要如何用流量為客戶和自己改變人生？

　　某一天我走進核心圈（Inner Circle）大師班上課時，發現了兩張新面孔，他們有點像是被手電筒直射雙眼的鹿兒，一副不太知道自己在幹嘛的樣子。這場重要會議共有二十一人與會，我們圍坐三張馬蹄型的長桌，每張長桌都有一人坐在最前端當代表。

　　我開始主持會議，並要求每個人進行自我介紹以及目前經營的事業。輪到萊恩·李（Ryan Lee）與布萊德·吉布（Brad Gibb）發言時，我可以感覺到他們聲音裡的遲疑。

　　「我們是成功的財務規畫師，三個星期前，我們在網路上看到《網路行銷究極攻略》，立刻買了一本及其周邊商品。再過一週，我們發現了漏斗駭客大會的活動。既然時間這麼巧，我們就索性訂了機票、入場票與飯店，飛往大會現場。在大會現場，羅素談起他的核心圈計畫時，我們也滿想加入的，但感覺還沒準備好。結果我們飛回家後，卻整夜輾轉反側，總覺得自己得加入那團體才行。因此隔天早上就立刻申請加入他的漏斗，並匯出 5 萬美元。現在，我

們人在波夕與你們一起了。我們還沒有完全了解漏斗的運作，但可以證明這確實可行！」

全部人都笑了出來，因為幾乎所有人的經驗都相當類似。「我們只是希望顧客也能體會發生在我們身上的經驗，也想要擁有自己的漏斗。」他們這麼說，「我們的領域還沒有任何人嘗試過ClickFunnels，但我們現在知道要如何運作了。」

在每個人自我介紹結束後，我跟他們說這次會議會有點特別。如你所知，一年多前，我剛出版了自己的首部作品《網路行銷究極攻略》，教導人們如何為自己的網路公司建立銷售漏斗。在那時，我們有一萬多人加入 ClickFunnels，我也看到有上千個新漏斗加入了網路世界！

能看到這麼多銷售漏斗的建立令我興奮不已，但我也注意到，大多數上線的漏斗沒產生任何可口的誘因元素，也沒賺到一毛錢。做出一個漏斗，與做出一個能真正將線上顧客轉化為終生客戶的銷售漏斗，兩者之間是有很大區別的。

「接下來兩天裡，我們不會談太多你的漏斗，而會花比較多的時間談談，如何讓那些漏斗裡的人成為你的超級粉絲。我會教你一整套說服技巧、建造故事、建立社群，以及成為領導者的方法，也會教你如何與進入漏斗的人溝通。如果我做的夠好，未來你將不會再用看待產品或服務，甚至是報價的眼光看待自己的事業，而是**把顧客的召喚，當作你可以推廣運動的時刻。**」接著，我花了兩天的時間教導學員，內容就是你將在本書中讀到的專家機密架構。此架構將吸引你的夢幻顧客，破除他們的錯誤信念，並讓你以最好的狀

| 產品／服務 | 提案 | 發起運動 |

圖A　當你成為專家後，你會發現自己不再只是銷售服務或產品，不再只是為顧客報價，而是領導一場運動。

態為他們提供服務。

　　我那時不會知道短短兩天的活動，會對我們的漏斗駭客社群帶來多少影響。當時和我們一起在會議室的人，有些人日後將自己的事業從產品服務轉型成思想運動，並改變了上百萬人的生活。接下來幾個月裡，我看到布萊登與凱琳·寶林（Brandon & Kaelin Poulin）把杜爾時間訓練計畫（Tuell Time Trainer）轉型成「淑女總裁」運動（LadyBoss Movement），改變了全世界上百萬女性的生活，該計畫販賣周邊產品、提供教練服務與資訊包。艾利斯與萊拉·赫摩茲（Alex & Leila Hormozi）則把健身房變成開健身房計畫（Gym Launch movement），協助上千位健身房經營者吸引他們的夢幻顧客。賈瑞特·懷特創造了勇士運動，幫助世界上上千萬的男性「擁有一切」，而他的太太戴妮爾·懷特（Danielle K. White）目前領導造型師豐收計畫（Big Money Stylist movement），協助接髮造型師得到合理的費用。

接下來的一年裡，我將這套指導原則教給數千位創業者，並開始著手撰寫這本書。我目睹無數和你一樣的創業者從這些架構裡獲益，並且創造出合適的廣告與漏斗，讓顧客紛紛通過他們的價值階梯（value ladder）。

我相信你的事業正在起飛。你為其他人提供產品、服務或提案。人們進入你的漏斗，希望找到問題的解決方法。當你以專家形象出現，並學著說故事，讓人們照著你的方式行動，你等同是在引導人們攀爬你的價值階梯，給予他們期望的結果。這就是改變顧客的方式，也是你讓公司成長的方式。

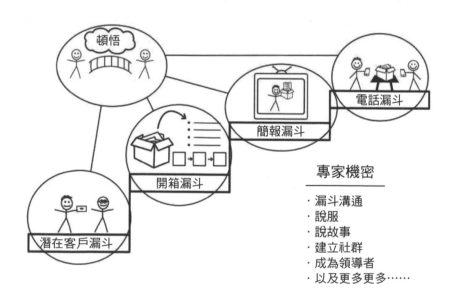

圖 B　本書能讓行銷人徹底掌握把網站訪客變成終生顧客的方法

本書的第一版相當受歡迎，印量達二十萬本，我也看到無數人在學會這套方法後，成功將網站訪客變成終生顧客。我的硬碟裡存有各行各業不同的成功故事，你能想得到的任何市場都有，但是讓我最感到驕傲的就是布萊德與萊恩的故事。

他們剛來到核心圈大師班時，兩人的身分是金融顧問，這領域與銷售漏斗相隔甚遠。我們幾乎看不見受到《網路行銷究極攻略》啟發的相關漏斗，更別提運用專家機密建立起相關社群與運動。大多數的人遇到這種狀況通常會說，「這對其他公司可能有效，但對我應該不適用吧。」但是布萊德與萊恩相當謙虛，並且立刻找出能在個人領域實踐的方法。如同所有的新架構一般，他們花了許多時間客製化，以便將概念運用在自己的領域，等他們成功解套時，運動已然成形。在他們架好自己的模組後數個月，這兩人已經打進我們的「百萬美元俱樂部」（Two Comma Club）；一年內他們就打進「千萬美元俱樂部」（Two Comma Club X）！

在本書，你不僅會學到如何把人引導到自己的漏斗，你還能學會如何成為領導者。我認為我們都肩負創業家與企業家的使命。我的朋友萊恩·穆芮（Ryan Moran）有次跟我說，「所謂的創業者，就是把別人的問題都當作自己的責任。」當世界上多數的人急著躲開麻煩時，特別是自身的麻煩，身為創業者的我們看到問題後，卻視為己身的任務，並深信必須設法解決。任何好企業都是如此開展的，某年某月某一天，有這麼一個人看見了別人的問題，並感覺自己受到特別的召喚。

或許你在生活中也有這種感覺，並因此開展了自己的事業。這

促使你學到更多。你看見問題，於是去閱讀、學習、實驗，以便為客戶解決問題。當你做得越來越專精、細緻，你就成了**專家**。

多數人到了這步會開始賣自己的產品，但不了解他們的專業才是銷售的關鍵要點。你的故事，也就是你如何提供自己的服務與運動的起點，這才是說服別人、並讓他們永遠留在你身邊的第一步。

你的訊息有能力改變其他人的生活。對的訊息在對的時刻所帶來的影響不可估量。你的訊息或許能挽救他人的婚姻、家庭關係、健康狀況、事業經營，甚至更多。

但是，你得先知道如何進入那些你想幫助的人的內心。

《專家機密》會幫助你找到自己的聲音和故事，給你成為領導者的信心。

《專家機密》將告訴你如何創造屬於自己的運動，並改變他人的生活。

《專家機密》能引領你把人生中的任務召喚轉為事業生涯。

邱吉爾曾經說過：

每個人一生中都會有一個時刻，肩膀被輕輕拍了一下，並被要求進行非常重要的任務，這任務不但獨特，而且符合他們的天分。如果在這個肩膀被輕拍的時刻，他們還沒有做好準備，又或是尚且不符合資格，那會是多大的災難啊。[1]

你的故事相當重要，而本書正是象徵那個肩膀被輕拍的時刻。

Part One

創造你的運動

CREATING YOUR MOVEMENT

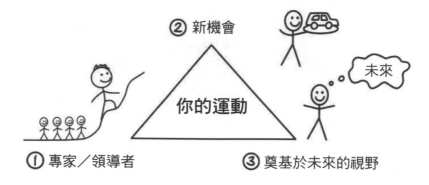

圖 1.1　要創造運動，必須有專家或領導者、新的機會，以及奠基於未來的視野。

　　大衛·福萊（David Frey）曾經邀我到鹽湖城看看我從未見識過的世界。那是個軟體公司大會，現場聚集了三千多個經銷商，研習如何賣出產品。坐在會議室時，我以為應該會聽到講者介紹如何銷售、如何更好地規畫市場，但是整整三天的活動內容，都只是讓大家上台領獎、或是說說自己和產品的故事。基本上整個過程和我想像的完全不同，但是最讓我震撼的是，許多人訴說自己故事時紛紛落淚了。

　　第三天時，我靠近大衛並小聲說，「我真的不懂。」

　　大衛知道我來自行銷領域的第一線，這些事對我來說有點新鮮。他微笑回答，「羅素，他們賣的不是軟體，而是創造運動，這才是他們賣的東西。」

　　我坐下來，重新觀看眼前的一切活動，此時一切都有了意義。大衛邀我來，不是要讓我學習如何銷售軟體。他希望我可以看見，

產品只是工具，真正創造出運動，才能改變其他人。

　　當我結束活動回到家以後，接下來的幾年，大衛的話不時浮現腦海，「他們賣的不是軟體，而是創造運動。」當我和企業夥伴陶德・狄克森（Todd Dickerson）想出 ClickFunnels 的想法時，我知道自己得負責找到失落的那一塊：我們該如何創造運動，改變人們的生活？

　　軟體本身是很無聊的。這世界上有這麼多網站架設平台，就算我們用更好的方式（透過漏斗）建置網站，但 ClickFunnels 仍舊只是個建立網站的工具而已。我知道，如果我想創造出的東西，要像幾年前和大衛一起看到的那樣令人嚮往，我需要發起一個真正的運動。

　　因此我開始大量研究歷史上的大規模運動。首先，我研究曾經創造出傑出運動的公司，好比蘋果與特斯拉。接著研究宗教運動，像是佛教與基督教。再來，理解運動的光明面後，我轉為研究其黑暗面，例如納粹這類關於邪教與負面的政治運動。

　　隨著越挖越深，我發現所有研究的運動中，不管正面或負面都存在著相同的模式。研究得越多，模式變得越來越清晰。在我所研究的所有運動裡，都有三個關鍵要素促使運動成形：

- 這項運動的領導者極具魅力。在本書中，我們將這個角色深化，並稱之為**專家／領導者**。
- 他們提供觀眾一個**新機會**。
- 接著，他們提供了**對未來的視野**，並以此聚集群眾。

任何運動的架構都是如此運作，一旦你洞悉其模式，就會知道如何運用。我在看出這套模式後，立刻寫下這個句子：

「專家提供他人新機會，並讓他們擁有對未來的視野，以此達到成果。」

當我再把價值階梯與其任務概念加入後，得到以下結果：

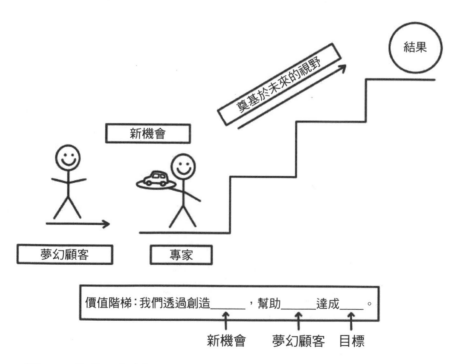

圖 1.2　為夢幻顧客提供新機會時，你可以引導他們爬上你的價值階梯，並透過幫助他們擁有奠基於未來的視野，以此來建立運動。

如果你把這三個所有大規模運動都具備的關鍵要素，放入自己的漏斗與價值階梯內，你所創造的將不只是可以獲利的企業，而是能改變世界的運動。

　　掌握專家機密後，你就會知道如何將自己放在不同的位置，以吸引夢幻顧客。你將學會找到自己的聲音，懂得說自己的故事，促成他人的改變，並提供他們更有層次的服務。你將懂得如何將自己提供的服務，改造或塑造成新的機會（而非改進此服務）。接著你也會了解如何建立新的社群，並讓他們擁有對未來的視野，以此激勵他們真正地改變自己的人生。

成為專家

Becoming the Expert

找到你的聲音

FINDING YOUR VOICE

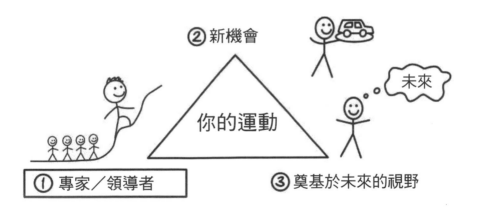

圖 1.3　成為專家的第一步就是先成為領導者，並引領你的夢幻顧客達成他們的目標。

我媽老愛反覆講一個故事，但那也是我最愛的故事，因此每當她跟朋友重述這故事時，我都會立刻放下手邊的事，仔細聆聽。

　　「他以為羅素很笨。」她講的是我的高中導師。「我們那時試著拜託他寫封推薦信，好讓羅素申請楊百翰大學（Brigham Young University），但他卻說羅素表現得比普通學生都還要差，就算他能入學，也不可能畢業，還不如申請個差一點的學校。」

　　這時候我爸往往會加入話題，接著說這故事。「所以我們就申請楊百翰大學，結果呢，果然幾個禮拜後我們就收到回音，告知我們羅素的成績低於一般學生，因此申請遭到拒絕。接著隔月我們去匹茲堡參加全國高中摔角錦標賽。這可是只有全州冠軍會受邀參賽，大概也是全國最困難的摔角比賽。羅素的量級裡有將近九十個州冠軍（有些州有多重級別，所以會在同一量級內產生多位冠軍）。那是他打得最好的一場比賽，擊敗了多位州冠軍，其中還有不少人是已經蟬聯兩、三年的冠軍。」

　　接下來，故事進入到我最愛的部分，我立刻插嘴。「爸你記得嗎，當我在準決賽打敗那個蟬聯兩年州冠軍的選手時，楊百翰的一位教練向我走來，問我願不願意去他們學校？」

　　「我當然記得，我們告訴他剛收到楊百翰大學的申請拒絕信，他卻笑著說，『別擔心，我來處理。』在你成為全美高中明星運動員後的隔週，我們就收到了楊百翰大學的入學信。」

　　接著我媽搶回主導權。「但是當然，高中導師發現羅素被楊百翰大學招攬的事時，立刻過來警告我，羅素絕對不可能撐過第一個學期。」

現在，這故事聽起來夠精采了吧，我媽迫不及待要告訴她的朋友，故事在十五年後還有了新的續集。當我出版《網路行銷究極攻略》時，我媽就在那個高中導師的學校教家政課。她接著說完後面的故事，「我拿著羅素的新書，直直走到高中導師的辦公室裡，問他記不記得以前說過我兒子不可能在楊百翰大學念完一學期的事，他回答『記得呀』，既然如此，那我也只能告訴他這個好消息了。『噢，我兒子現在是有錢人了，而且剛出了第一本暢銷書，我想送你一本做紀念！』」說完她就把那本書放在導師辦公桌上，然後帥氣轉頭離場了。

　　我想分享這故事有幾個原因。除了這故事讓我很自豪以外，我也希望在學校深受挫折的過往，能拉近我和讀者們的距離。我從來就不是那種可以成為「專家」的料。大學畢業時，我的平均成績（GPA）是令人吃驚的 2.3。我愛摔角，這也是我不能被退學的原因，我得通過所有的考試才能繼續摔角。

　　我不記得自己喜歡過任何老師給的教材，如果要我老實說，我一直覺得自己滿笨的。一直到大學生涯過了一半，我才逐漸接觸到校外的世界。當時 Google 才剛發展，而我開始懂得透過網路取得自己想要的資訊，也逐漸愛上閱讀。我的腦袋瘋狂地塞滿各式各樣的點子，睡覺成了完全無意義的活動。就在如此的成長爆發階段，我偶然發現有些人靠著在網路上賣東西賺錢，這彷彿是一股新的潮流。這個奇遇所引起的火花，開啟了我邁向某個領域的專家之路。

從魅力人物轉型為專家

我最早認識的一位良師丹・甘迺迪（Dan Kennedy）曾教我，「我們所處的核心是關係經濟（relationship business），而非產品經濟（product business）。」他這麼解釋，人們因為你的產品而來到價值階梯，但是他們願意留下來的原因是來自與你的關係，也就是所謂的魅力人物。

在《網路行銷究極攻略》裡，我首度介紹了魅力人物的概念，以及如何運用自己的性格吸引他人的方法。在本書裡，我希望幫助你增強自己與目標聽眾之間的關係。現在對方已經被你吸引了，接下來，就是把這群人引領到他們想去的地方。然而，要成為領導者或教練，你必須先成為專家。

我們運用魅力人物在價值階梯前端引領人們進入漏斗，但是作為專家，還必須引導顧客在漏斗內前進，並同時攀爬價值階梯。

魅力人物　　　　　　　專家／領導者

圖1.4　《網路行銷究極攻略》教你如何吸引夢幻顧客，《專家機密》將告訴你如何引領顧客得到他們想要的結果。

傑・亞博拉罕（Jay Abraham）曾經說過，「人們總是默默地希望被領導。」[2] 我相信這是真的。專家的任務，就是吸引夢幻顧客的目光，並期望能協助他們獲得理想的成果。

成為專家的五個階段

當你開始自己的旅程時，會行經五個階段，找到自己的聲音、建立自己的社群，並改變世界。每個階段都極具重要性，因為你可以藉由發聲，影響無數人。

圖 1.5　邁向專家的旅程，你會經歷五個階段。

第一階段：夢想家（從火花開始）

最近我在 IG 上讀到朋友湯姆・比利厄（Tom Bilyeu）貼了一張圖上面寫著「如何培養熱情」，不過這張圖也可以換個標題，改成「如何成為專家」。在這張圖裡，他列出了培養自己熱情或專長的五件事[3]：

1. 親自去體驗上百萬件不同的事情。

2. 找到能激發你心中火花的事物。

3. 深度投入上述這些活動。

4. 當你投入時，如果這件事會讓你從興趣變成極度著迷，那麼就學著專精此事。

5. 著迷＋專精＝熱情

　　或許我從前未曾了解，但是他所列出的五件事，正是我將點燃內在火花的網路行銷轉為運動的過程。我仔細琢磨微小的火光，並懷抱著無比的熱忱投入，好好地專精這件事，最後將其成為我的熱情與人生抱負。

　　所有的潮流與運動都有個領導者，那股內在的小火花正是邁向領導者的起點。你往往會以為有人生來就是領導者，而有些人則沒有那能耐，但這不是真的。你也可以學會領導、學會成為專家。或許，在你一開始閱讀《專家機密》時，你會擔心自己不是天生的領導者，或者感覺自己不是個專家，這都是正常的。

　　我剛開始自己的旅程時，也有同樣的感覺油然而生。放眼望去有那麼多傑出的人才，而我又可以領導誰呢？我生來極端內向、講話速度太快，在學校表現奇差無比。但我確實花了無數時間鑽研興趣，找到我的聲音，並且為了那些需要我領導的人，而成為專家。

　　有些讀者認為自己沒有足以成為專家的才能，那麼我希望能與你分享一些事。我相信你們一定非常出色。我更相信，正因為你如此出色，你或許更感到無法置信吧。對嗎？

我有幸能在世界各地教導數千位以上的專家，幾乎什麼領域都接觸過。每當我遇見那些出色的人才時，他們總有一股內在動力想要幫助其他人，甚至為數十萬（或數百萬）的人帶來影響。他們都彷彿聽到一種聲音在告訴自己，必須為了偉大的理想行動。然而同時，他們也聽到另一種聲音對自己說，自己無法勝任、能力尚不足夠。他們以為自己不夠聰明、不夠專注、接受的訓練不夠豐富、不夠有經驗，或者就是不夠好……

奇怪的是，每當他們做得越多，幫助越多的人，他們就更會覺得自己能力不足。不管你在自己的領域多久，是初來乍到，又或是識途老馬，你必須知道，我們的阻礙正是無法把自己視為專家。

更重要的是，你得知道自己並不孤單。我很了解那些擁有負面內在聲音的人在想什麼，因為那就是我時常經歷的感受。另一方面，我同時也認為自己彷彿是全世界最受眷顧的人，而擁有如此豐富的祝福，讓我渴望與人分享。事實上，若不分享自己擁有的福澤，我將愧對於神，以及我所服務的人們。

然而，儘管我每天都忙碌著建立新的事業、與創業者一起工作，或是以我自己的微小方式改變世界，但我仍然時常對自己的能力感到困窘。所以當我和人們交談時，就能從言語間感覺到那同樣是其他想成為專家的人的心頭疑惑。懷疑的聲音使他們卻步，阻礙了他們成為自己想要的角色。

這顯然帶來了不少悲劇，請容我詳述原因。首先，這剝奪了人們渴望的經驗與機會。更重要的是，剝奪了人們本來可以改變的生活。若你能分享上帝賜予你的天賦與專才（有可能是別人永遠不會

擁有的），發揮影響力改變其他人，那實在不該製造遺憾阿。

因此，我希望在此稍作暫停，我並不想說服你確實可成為專家，但是你得找到往前進步的動力。你擁有能力，而我相信正因為你擁有如此天賦，你也有責任為其他人服務。

你擁有某種天賦、想法與獨特的能力，而因此必然會到達人生的某一種境界，也應當與他人共享這份禮物。現在，有些人需要你的才能。他們在等待你找到自己的聲音，等待你來改變他們的生命。如果你無法找到屬於自己的聲音，那對他們也必然是深刻的損失。

對部分人來說，他們所遭遇的另一困難在於，由於自己的獨特能力是與生俱來，所以感覺不到自己有任何的不凡與驚艷。但我認為，正因為那是天賦，你才無法察覺其深邃和與眾不同之處。對你來說，這天賦再自然不過，它反而顯得相當不起眼、毫無重要性。如果你是個天才廚師，下廚對你來說或許輕而易舉。但是對廚房新手而言，那可**絕非易事**。

或許你擅長彈鋼琴、修理機車、建雞舍、跳舞或其他活動。看看什麼事情對你來說易如反掌，什麼事物是你喜歡深入研究的，而那或許正是你的天賦所在，你需要與世界共享這份獨特長才。

第二階段：成為報導者

我記得九〇年代時看過豪爾‧伯格（Howard Berg）的一支廣告。他是金氏世界紀錄的保持者之一，全世界閱讀速度最快的人。

圖 1.6　只擁有自身的知識是不夠的。你必須訪問其他專家，擴充自己的觀點。

在廣告中，他在短短幾分鐘內就能讀完整本書，並在讀完後開放觀眾提問，好確定他真的讀完整本書了，而伯格確實能以絕對精準的方式回答任何問題。多年後，他在福斯新聞台讀完整份健保報告，逐一回答尼爾‧卡夫托（Neil Cavuto）的提問。那節目實在精彩。

　　在那段時間裡，我正巧在達拉斯（Dallas）的某活動發表演講，當時活動主持人說，伯格先生也坐在觀眾群裡，並且希望跟我會面！我們很快就成為朋友，我甚至付機票請他來我的公司，教同事快速閱讀的竅門。在我甫出版《專家機密》時，邀請了伯格在臉書直播讀完此書，他僅花了四分四十三秒！接著，我出了許多考題，他確實讀完了整本書，而且記住書中的一切！

　　當天晚上，我們兩人一起用餐。我有個疑問放在心中好幾年

了，而他此生至少閱讀過三萬本書，涉獵幾乎所有的題材，所以我很想知道他對上帝的想法。

他笑了笑，並給了我相當難忘的一課。他說，大部分人會針對一個主題讀某本書，並且以此書作為輻射，建立對該領域的想像。他則是喜歡選一主題，廣泛閱讀不同作家的觀點，然後在衝突與觀點之間建立自己的視野。接下來的幾個小時裡，他與我侃侃分享了他所閱讀過所有關於上帝的無數著作。這恐怕是我此生最難忘的談話之一。

小時候，學習對我們來說是理所當然的事情。我們上學，並且成為一塊海綿，不斷吸收學習我們眼前的一切事物。接著，最糟糕的事情發生了：我們擁有了學歷。對全世界而言，那紙學歷代表你似乎懂點什麼。但對多數人來說，這代表學習的終點。

你的可教性指數（teachability index）代表你在任何時間點的可教性。幼童時期的你，可教性指數肯定相當高，然而，一旦你開始覺得自己掌握了點什麼，你就會和所有人一樣，擁有幾近於零的可教性指數，並且停止學習。這對專家而言，無異於世界末日。

在接下來邁向專家的轉變階段，你必須開始針對你所擅長主題，從多樣化的不同觀點盡可能學習。我們必須將自己的可教性指數維持在高點，如此才能保持開放，並且學習建構自己的框架。而最簡單的方法，就是讓你的內在魅力人物成為報導者，並且訪問所有早你一步前行的專家。

要將自己內心的火花化為燦爛焰火的捷徑，就是靠近那些已經在火光中的人物。我開始尋找前行者，並且靠近他們，想辦法讓我

的光芒更加閃耀、維持不滅。我的方法有很多種，以下我將分享我自己最受益的三種做法。

- **參加現場活動**：我會盡可能地參加所有知道的業界工作坊或論壇。這讓我能聆聽台上專家／講者的分享，有助於我快速掌握主題，並知道多數人對何種觀點最認同。我喜歡現場活動的另一個原因在於可以建立人脈。我常在那種晚上的交流活動中遇見可以讓我功力大增的專家，也因此知道對其他人來說，什麼是最難以跨越的障礙與難關。這使我擁有建立自己「品類」（category）的基礎，我們將在機密 #3 詳談此事。

- **開始經營自己的節目或 Podcast**：我會在《流量機密》（*Traffic Secrets*）介紹為什麼要這麼做，以及如何開始自己的節目，因為這是可以與其他特定領域專家建立關係的最快方式，並直接向他們學習。當你擁有自己的節目，等同於對各路專家敞開大門，這些人都是你平常不容易接觸到的，定將會是你相當特別的機會。採訪數個或數十個相關領域的專家，就等於伯格針對同一主題閱讀無數書籍，並試圖挖掘真相。訪問越多的人越好。這能讓你發現市場的缺口，以及，你可以為市場的新機會創造何等架構？

- **開啟頂峰漏斗（summit funnel）**：運用頂峰漏斗的力量，不但能藉此創造大量的訂閱者與跟隨者，也可以採訪特定領域的頂尖專家。

在我的學習過程中，扮演報導者絕對是最有收穫的環節之一。將別人數十年的生活經歷，壓縮在一小時內進行詳細的訪問，這根本就是讓專家本人念出自己的重點筆記給你聽，而且你還隨時可以提出個人問題。

我的第一次訪問是讀完溫斯・詹姆斯（Vince James）所著的《一年成為百萬富豪》（*The 12-Month Millionaire*）[4] 之後。那本書描述二十八歲的小夥子如何透過信件、雜誌與網路廣告，經營補給品公司，在短短二十三個月內賺到 1 億美元。我對他的故事很有興趣，立刻寫信詢問是否可以進行專訪。很幸運的是，詹姆斯同意了，並且大方給我兩個週末共六個小時的時間，讓我詢問任何問題。我條列出所有在閱讀過程中浮現心頭的疑惑，接著仔細聆聽專家如何用自己的語言回應我的問題。我在那次訪問中所學到的行銷知識，恐怕勝過三個 MBA 學位！不僅如此，他更讓我擁有該訪問的版權。後來我賣掉了那個訪談錄音檔，這是第一次我賣出上百萬美元的服務，也是我第一次打進百萬美元俱樂部。

在那之後，我便著迷於直接向作者取經學習的經驗，因此我開始逐一連絡閱讀清單上的所有作者，基本上所有人都願意接受我的訪問！這就是我遇見丹・甘迺迪、傑・亞博拉罕、馬克・喬那（Mark Joyner）與喬・維泰利（Joe Vitale）的過程，並與他們有了友好的情誼。我喜歡他們的工作，因此詢問他們是否可以接受我的訪問，並在這些專家回答我充滿熱誠的問題過程中，與他們建立良好的關係。

從自我成長到貢獻他人

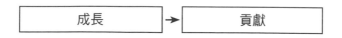

圖 1.7　在你完成自我成長的投資後，就可以開始為他人貢獻你所獲得的知識了。

前兩個階段都關乎個人成長。這也是旅程的起點。我們對某個主題產生興趣，然後投入熱切研究。於是開始學習、閱讀書籍、研究案例、收聽 Podcast，並獲得大量的知識。接著，我們帶上麥克風，開始訪問專家，邀請他們回答我們內心的疑惑。

不過接下來我們多半會理解到，要持續成長，有時候靠的不只是學習，我們也可能需要藉由將焦點「從個人成長轉為貢獻他人」，以此獲得成長。唯有當我們開始幫助他人時，才能保持進步。在我們幫助他人、使別人也能獲得知識前進時，自己也會因而再次成長。為他人貢獻所學，正是持續邁向卓越的方法。

我第一次深切地了解這番道理，是高中時期。當時我是全州冠軍，也是全美高中明星運動員。我不斷地閱讀與學習關於摔角的一切，老爸與我總是不停地觀看影片，並且每日練習不同的動作。我們參加各地的摔角營，積極從尊敬的運動員或教練那裡學到第一手的技巧。我也在這個成長階段逐漸成為絕佳的摔角選手。

在高中最後一年的暑假前，教練問我願不願意在摔角營當教練，雖然我毫無經驗，不過我覺得那應該會是有趣的工作。他讓我

教一些年輕學員我最擅長的動作，這些動作對我來說相當本能，但對他們而言卻十分難解。

一開始我先示範動作，讓他們嘗試。很快我就發現，示範動作並沒辦法讓他們理解其中的奧妙。於是我把學生叫回來，並以不同的觀點拆解動作。為什麼這動作可行？我的臀部怎麼移動？手肘位置在哪裡？如果動作要成立，我的腳該往哪裡動？當我把動作拆解成更小的單位向學員們講解，同時自己也重新以嶄新的方式理解原本的動作。我看見了其中的模式，再向他們解釋一次。

當我開始理解讓動作成立的小細節後，教學變順暢了，學員們也成功做出動作。但是出乎我意料的是，這次的教練經驗讓我更有意識地理解動作成立的原因，並能進一步以更精煉的方式操演動作。擔任教練以後，我成為更好的運動員，更懂得自我觀察。比起專注在個人成就，為他人的成功付出心血，使我獲得更多成長與回報。

第二階段的成長過程也很相似。起初，我們對特定的某個主題充滿興趣，接著投入研究、學習、實踐，然而成長到了某個階段後，單靠自學已不足以讓我們繼續進步。於是我們轉向別人分享自己的知識、協助他人成長，同時也在這過程中獲得養分、持續進化。

第三階段：建造自己的架構

每當我進入某個技能的成長階段時，我就會開始觀察如果要達到特定目的，其中是否有一定的模式可循？每一個模式都代表了一

個成功的架構或歷程。當你開始創造內容、說故事、提供服務,或擔任魅力人物或專家角色時,擁有自己的架構確實相當重要。

如同我的前作,這本書的每一章也都有我的個人架構分享。也許你注意到了,機密 # 1 介紹的是成為專家的五個架構。機密 # 2 是我教導架構的基礎。在機密 # 3 裡,我則會介紹該如何創造自身的藍海架構,以此類推。在過去數年來,我研究了每個概念、訪問許多不同的人,並在我的事業或生活中測試所有原則,持續尋找可行的模式,接著創造架構或流程,讓其他人能夠更簡單地——複製我的成功。

在機密 # 2 的主題中,我會深入詳述如何建立、向別人傳授你的架構,但是現在,我希望讀者可以藉由成長階段的結果,先懂得辨識成功的架構,並創建自己的架構,進而幫助他人更容易取得成功。

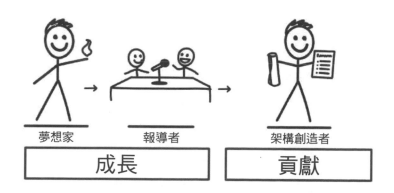

圖 1.8　當你為了達成某項目標而產生出一套流程,同時也是在測試自己建造的架構。

對所有作者、講者、教練或顧問（傳統專家領域的人才）而言，架構概念相當簡單。然而，很多時候對提供服務的企業或公司來說，理解特定產品或軟體的內在模式似乎較為困難。要了解為何特定架構對特定產業有效，首先必須記得人們購買產品是為了達到特定目的。我想問問讀者們，希望達到特定效果的顧客們，必須跟隨何種架構呢？你的產品或許正好提供了某種架構。

通常，當人們向我尋求幫助時，為的是讓公司可以在網路世界成長。ClickFunnels 只是架構的一部分，並非架構。我把傳授架構作為一種引導，我的服務或產品就成了實踐成功架構的其中一個步驟。

假如我是牙醫，客人想從我這得到的是整齊潔白的牙齒，當然我的服務必然與之有關，但是要讓顧客擁有美麗的微笑，其背後的架構為何？假如我是牙醫，我所創建的架構可能包含每日清潔、特定類型的牙膏、潔白貼片、使用刮舌板以保持良好口氣、強化琺瑯質的營養補給品、每年牙齒檢查兩次等。你發現了嗎？當我把目標（牙齒美白）從產品轉向實踐特定架構時，我和其他牙醫的定位已然不同，我提供顧客的是可重複實踐的成功模式，在這過程就有了很多潛在機會能向他們推銷產品，幫助客人擁有更優質的牙齒狀態。

如果我只販賣 ClickFunnels，就缺乏了在其他競爭者中脫穎而出的機會。相反的，我建立了十數種架構，讓夢幻顧客們能夠重複實踐，並達到他們所期望的結果。這過程中，他們與我逐漸建立起特定的關係，因為我是唯一能給他們建議架構模式的提供者，並且

將自己定位為專家。連帶而來的好處是，夢幻顧客們會更願意使用我所建議的服務或產品（包含我提供的產品），並循此架構，得到期望目標。

第一步：建立自己的架構觀點

在你成長的前兩個階段裡，將會花許多時間學習其他人的成功架構。你可以閱讀其著作、聽他們主持的 Podcast，或觀看他們的現場演說。當你開始成為報導者時，會有更特別的機會深入理解這些專家的架構、詢問更個人化的問題，深度理解專家們躍升精通程度所歷經的過程，這些都是別人難得的絕佳機遇。

對期望成為專家的你而言，眼前的首要任務是成為架構建造者。要做到這點，你必須向無數人取經，並深入研究取得的資訊，經過消化與重新組織後再轉為你個人的觀點，以此建立完善架構。正如李小龍所言，在此階段我們要做的是，「理解你自己的經驗，吸收有用的精華，除去蕪雜的部分，並且加入對你而言獨特的細節。」[5] 上述過程相當近似於我那個世界上閱讀速度最快的朋友伯格，他也是這樣淬鍊出個人對上帝的見解。他挑選主題、大規模閱讀與該主題相關的著作，並豐富自己的觀點，接著以自己所學習的知識涵養，形塑獨特的個人觀點。這就是你的工作：觀摩完別人為了達成目標所用過的各種方法與嘗試後，請建立屬於自己的架構。

撰寫《作家之路》（*The Writer's Journey*）的克里斯多夫・佛格勒（Christopher Vogler）曾在演講時說道，「當你聆聽別人的想法時，可能會常心想，『噢，這點子還滿不錯的，我同意。』或是

『噢，我從來沒這樣想過。』然而，從某個時刻起，你開始有了自己的點子、創建自己的術語或語言，並用這些術語與同儕溝通……吸收資訊、做筆記，然後從眼前的這個世界，淬煉出一小塊你想要的結晶。這就是藝術家感知世界的方法，而你必須創造自己的世界。」[6]

　　想創建架構的觀點，草稿就是基於你在成長階段所學習到的點子、經驗與頓悟（Epiphany）。你必須先假裝正在指導你的第一個客戶。現在，這名夢幻顧客正是你自己，剛開始對這個領域產生興趣。現在的你，已經比剛入門的你多了些經驗與熟悉，所以請坐下來動筆，並思考如果是自己開始這段旅程，會期望得到哪些建議與忠告。請你盡可能地大範圍羅列主題，越多越好。舉例來說，我當初提筆撰寫《網路行銷究極攻略》時，就曾經思索更年輕的自己會希望在書中學到什麼，列點如下：

- 如何創造出充滿魅力的銷售漏斗
- 關於價值階梯的概念
- 如何善用魅力人物的角色溝通
- 如何運用誘餌吸引目光，運用故事增加價值，加速成交
- 如何創造網路研討會漏斗
- 如果其中一個漏斗失敗了，該如何處理
- 高額成交漏斗（high-ticket funnels）的祕密
- 如何運用圖書漏斗（book Funnels）
- 每個漏斗的七個必經階段

- 如何為商品發展漏斗
- 如何撰寫漏斗腳本：誰需要？內容？為什麼要用？如何用？

請持續書寫這張清單，並確保其他人也能跟你一樣，可以透過此清單得到你所獲得的成果。當你完成清單時，必須將清單組織成大綱，你可以假想成這是一本書的架構。事實上，如果你讀過我的上一本書，就會發現我在拉整本書的結構時，正是把問題拆解成不同的段落與章節（本書的結構也依然如此）。

- **第一部分：銷售漏斗的祕密**
  - 祕密 1：祕密公式
  - 祕密 2：誘餌、故事、提案（Hook, Story, Offer）
  - 祕密 3：價值階梯
  - 祕密 4：魅力人物
  - 其他

- **第二部分：價值階梯的漏斗**
  - 祕密 8：潛在客戶擠壓頁面漏斗（Lead "Squeeze" Funnels）
  - 祕密 9：問卷調查漏斗（Survey Funnels）
  - 祕密 10：頂峰漏斗
  - 祕密 11：圖書漏斗
  - 其他

如果你翻閱任何非虛構主題的書籍，就會發現作者們都是依據自己傳授的課題，整理出相應架構。對我來說，《網路行銷究極攻略》正是我如何運用銷售漏斗刺激公司成長的架構。《專家機密》是我如何將網站訪客變成終生顧客的方法。而《流量機密》是我如何以網站與漏斗吸引到夢幻顧客的架構。

書中的各章節都有個相對應的目標架構，事實上，目前你所讀的章節正是「如何找到自己成為專家的聲音」之架構，步驟三，完整共有五個步驟。你看懂其中運作的模式了嗎？在下一章裡，我將會介紹我的架構，以及我「如何傳授」別人我的這套架構；再下一階段我則會介紹另一架構，以此類推。

你越擅長創建和教授架構，你就會越成功。我希望透過一再展示我的做法（也讓你意識到我在做什麼，以及我是如何做的），引導你在自己的專業領域，複製相同的成功模式。

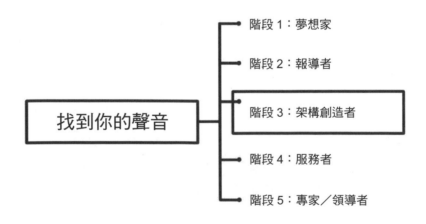

圖 1.9　通常大架構裡還會包含其他較小的架構。

第二步：親自測試架構觀點（人體實驗老鼠）

我最尊敬的作家為提摩西・費里斯（Tim Ferriss），著有《一週工作 4 小時》（*The 4-Hour Workweek*）、《4 小時健身》（*The 4-Hour Body*）、《4 小時主廚》（*The 4-Hour Chef*）等。我喜歡提姆的寫作，因為他不只是學習，還將學到的經驗出版成書。他找領域中最好的對象學習、專訪世界上的頂尖專家，把自己當作實驗老鼠親自測試專家們的點子，並在出版前確認書內概念是否可行。事實上，《新聞週刊》（*Newsweek*）稱他為「史上最強的實驗老鼠」[7]。

為了清楚理解飲食與營養補給品對血糖的影響，他在腹部植入了血糖監測儀。他甚至接受超過一千次的抽血測試，也曾在同一天內進行多次測試，只為了解身體真實反應。

許多專家的毛病在於，他們喜歡在聽到別人的點子後，將之反芻，並錯以為這是自己的想法。你建立自己獨特的個人架構時，得避免這毛病。在我寫完《網路行銷究極攻略》時常告訴別人，有許多概念都來自走在我前頭的專家，不過接著我會用自己的公司來測試所有的概念、精進測試過程，並挑選出哪些方法合用、哪些應該淘汰，最後我再整理出個人見解與觀點、並親身測試所有的假設。經歷這整個過程，才有了我的第一本書的誕生。

在此階段你會開始創作出自己的架構。我也將在下一章詳述，你如何站在巨人的肩膀上運用自己的基礎知識（並永遠永遠對前人的貢獻心存感激）；以及，在此過程中，你將逐步培養出一套符合個人經驗的獨特觀點。

在這練習過程，你可能會發現有些做法毫不適用，有些做法相當有益，又或者你會找到更棒的方法。事實上，這正是我們的目標：除錯，並且為自己的架構尋求更好的結果。然而，就算現在有了一套很棒的架構，幾年後市場仍舊會改變，我很有可能在教導別人的過程中，學習到更新的資訊、挖掘到更好的方法，並在這樣的變動中，不斷調整、升級自己的架構。任何翻過我之前作品的讀者，就會發現比起前一版，這本最新的版本有上百頁的變動與更新。也就是說，我的架構是不斷精進的。這一切都是數年來越來越多人致力測試的成果，並且在反覆除錯過程中不斷及時做出調整。

第三步：為你的架構設計獨特的名稱

設計好自己的架構後，你需要為它命名。我喜歡那種簡單易懂的名稱，最好是顧客聽到名稱後，就會馬上記住並理解架構的內容，此外，它也可揭示背後的方法論。舉例來說，許多我創造的架構早已成為業界的專有名詞，因為它們反覆被圈內人士提及：誘餌、故事、提案；完美網路研討會（Perfect Webinar）；價值階梯；頓悟橋（Epiphany Bridge）。

以我為例，命名完架構後，我會接著描述這個架構，以及如果依照架構執行將會達到什麼成果。舉例來說：

換言之，你要有一套形容自己架構的基本方式，包含架構名稱、主要賣點，以及你在每階段會進行教學的重點大綱（在下一章我會示範如何傳授架構）。不過到目前為止，你或許還沒準備好，這一切還只是假設，你必須先看看這方法是否可行。

第四階段：免費工作、為未來的夢幻顧客服務

在你當過實驗老鼠親自證明了架構至少在自己身上可行後（這一步絕不能略過），就是時候得開始在他人身上測試了。許多人會略過此步驟，因而犯下大錯。你必須證明架構不只適用於自己，而是也能為他人帶來相同結果。對你來說，這階段也是個練習的好機會，把你想傳達的訊息與流程加以精煉，使架構更完善。這相當重

要，因為首先，或許你或你的架構不完美，但這沒有關係。我的好友賈瑞特‧懷特曾經說過：

不管你做什麼，一開始總會感到挫敗，因為你確實很遜。不過總會越來越好的，挫敗感也會逐日遞減。只要持續努力，離成功就會越來越近……你終究會成為傑出的人。

下一個階段，最重要的就是測試你的架構。雖然你的架構對自己確實有用，但是你必須透過測試，才能得知對其他人的普遍有效性。每當我出現新的想法，第一步肯定是找一群受測者，為我實驗此想法是否可行。

我一開始推出核心圈顧問課程時，還沒有任何為高收入的創業者擔任顧問的經驗。而且，我還希望向學員收取 5 萬美元的年費。

圖 1.10　在你親自測試過自己的架構後，必須找其他人作為測試者，並除錯至完美狀態，以確保產品可以達到均值（甚至更好）的效果。

沒錯，你可以說我很傻很天真。我當然可以像其他人一樣推自己一把，例如架設網站，並大力推銷：「嗨，我是羅素・布朗森。我是全球頂尖顧問。你應該雇用我」。但我沒打算那麼做，原因如下：

首先，沒人喜歡聽哪個傢伙臭屁的自吹自擂。這很不酷。第二，我知道那感覺似乎不太對勁。我希望能先為一些人提供服務，證明自己的教學有效。

我的課程目的是先協助學員思考，夢幻顧客究竟是誰。而我的心裡對於想服務的創業者類型大概有些輪廓，因此我開始尋找這些人，很快地我聽說了 FitLife.tv 的創辦人德魯・卡諾爾（Drew Canole），他人滿酷的，也在我熟悉的業界有不錯的成績。我想自己應該可以提供他一些協助。

最後，我透過共同朋友與德魯取得聯繫。於是我如願去了他家拜訪，展開初次交流，聊了一會他就提到一些目前遇到的難題。因此我順勢詢問，「你介不介意我下次再來拜訪？我願意每週投入一天為你提供協助。」

「當然好啊。但是你為什麼要提供免費服務呢？」

「假如我能為你的事業帶來正面影響，那麼未來我就可以提高自己的服務費用。但是現在，我想先看看自己能否幫得上忙。」

「真的有這種好事？這對你有任何好處？」

「我沒有任何目的。其實我覺得你發展得很好，但如果能了解到我對你的幫助是否有效，或許還滿有趣的。」

最終，德魯勉為其難地答應我去他的公司免費工作。不過我認為他始終對我的動機抱有遲疑。

一個月後，我飛去和他的整個團隊碰面。我們發現雖然公司的漏斗確實有收益，但是利潤仍然不足。因此，我親自協助他們修正現有漏斗，並且為未來的新計畫「Organifi」創造了一個新的漏斗。

　　來回在他們辦公室工作與頻繁往來信件下，我大約花了整個月與德魯的團隊合作，並打造出完整的漏斗系統。當然，這些都是免費的。事成後，他們終於成功推出了 Organifi 漏斗，並且每年賺進數千萬美元。

　　我沒有要求德魯回報，不過基於互助的理由，他錄了一段影片解釋我為其事業進行轉型工作的始末，以及銷售漏斗的最終成效。看完他的影片以後，我就知道可以推動核心圈大師班顧問計畫了，因為我確認了自己的架構確實有益。我擁有了除了自己以外的第三方證詞。

　　我的團隊隨即上傳影片，製作漏斗，並展開新的顧問計畫。人們看到德魯談論事業轉型的影片後，我的計畫也開始茁壯。我們將核心圈顧問服務的基礎人數設為一百人，儘管我們向每個會員收取 5 萬美元的年費，但是希望加入核心圈計畫的創業者仍然絡繹不絕。

　　對於任何事業來說，你想問的絕不是「我該怎麼銷售產品？」，而是「我該怎麼服務他人／客戶？」

第五階段：成為專家

夢想家　　報導者　　架構創造者　服務者　　專家／領導者

| 成長 | 貢獻 |

圖 1.11　成為專家或領導者的最後步驟，就是擔任這個角色，並且開始領導他人通往對方期許的終點。

　　一旦你完成了前四個階段，你就準備好開始使用你的架構，並像專家一樣領導別人了。

「但是我沒有證照。我還無法提供他人服務。」

　　這是我最常聽到的藉口。「我不夠資格。我沒有學歷。我沒有相關證書。我如何證明自己是專家？」當我聽到別人如此懷疑時，我總會給他大大的微笑，因為這也是我曾經的疑惑。

　　我問對方，「好吧。我很好奇，你付我 5 萬美元（或 10 萬）請我教你這門專業。但你怎麼知道我有資格呢？」

　　他們想了一想，「我不知道耶。你有行銷相關的學歷嗎？」

　　我回答，「沒有。我差點畢不了業。而且我的行銷課成績都很糟糕。」我的課業表現拙劣，也沒拿到任何證書。但是這又如何呢？我**相當擅長**指導人們得到期望的結果。我的教學成效就是證

書。

東尼‧羅賓斯曾跟我分享，他剛開始學習神經語言程式學（neuro-linguistic programming，NLP）時，報名了為期六個月的證書課程，僅僅過了幾天，他就徹底愛上了這領域。他很快地習得相關技術，並且希望立刻開始為他人服務。課程教師卻說，「不行，你還沒有證書呢。」

東尼回道，「證書？我已經知道怎麼幫助別人了。我現在就要開始行動。」當晚他離開了飯店房間，過馬路，並找到最近的餐廳。他開始幫助餐廳的客人戒菸、以及各種他們需要改變的事。最終他被證書課程除名，因為東尼在沒有證書的狀況下開始工作。如今他已經用神經語言程式學的專長，改變了上百萬人的人生，這都不需要證書吧。

你的成效就是證書。

我願意為你做保證。你已經準備好了。

「但是，如果別人對這個主題的理解勝過我，怎麼辦？」

有本書（以及改編電影）《神鬼交鋒》（*Catch Me If You Can*）把這道理談得很透徹。這是法蘭克‧艾伯奈爾（Frank Abagnale）的故事，他是絕頂聰明的高中輟學生、知名詐欺大師，多次喬裝成飛機機師、小兒科醫生、地方檢察官等身分。他甚至一度在楊百翰大學教授社會學。他教了整個學期，但沒有任何人發現他根本不是真的教授。日後，當警方終於逮捕他，並且詢問他如何能在不了解社會學的狀況下教書。

艾伯奈爾解釋道，他所做的就是比學生多學一章節，這樣就夠了。

這正是關鍵。你不需要成為該領域最頂尖的人物，你只要比你的顧客多了解一點就夠了。世界上總有人比你更專業。這沒什麼關係。你可以向他們學習，但這不代表你不能協助比你落後一點的人們。

最重要的首要任務，是找到你的心之所在，徹底地鑽研該主題，並允許自己幫助他人，好好運用所學。

你需要做什麼，才能成為領導者？

如同先前所述，傑‧亞博拉罕說過，「人們總是默默地希望被領導。」我相信此話為真。因此，你如何成為他們需要的領導者呢？首先，你得找到自己的聲音。要做到這點的關鍵祕密，就是持續地分享你的訊息。

2013 年 3 月 26 日，我錄了第一集 Podcast《在車子裡行銷》（*Marketing in Your Car*），後來成為了節目《行銷機密輕鬆談》（*Marketing Secrets Show*）。當時錄製的時機還算不錯，唯獨我恰巧在數個月前辭退近百名員工，並發現自己欠稅 25 萬美元（如果不付，我將面臨罰款與牢獄之災）。我的公司幾乎破產了、銀行帳戶裡空空盪盪、信用卡帳單堆積如山。現在回頭想想，那真不是個適合教別人「行銷機密」的好時機啊，不過，我就是如此行事的。

我知道如果想開始自己的節目，那麼就得持續進行，否則絕對

行不通。不管形式是什麼（錄音、影片或文字），如果內容太複雜，恐怕很難持之以恆。就在我尋思如何在日常工作行程中安插節目錄製時，便想到了每天都有十分鐘的通勤時間，也許能善用這空檔每天錄一集。在我的 Podcast，主要圍繞在分享如何行銷自己的公司，以及我每天學到的事。這也是節目最初的名稱由來：在車子裡行銷。

第一集狀況並不好。事實上多年後，好友史蒂芬‧拉森（Steve J Larsen）說，「一開始的四十五集或四十六集都不怎麼有趣，但差不多就在這階段，你慢慢找到自己的聲音和說故事的方法，接下來漸入佳境。」對我來說（對你也是），好消息是，在你剛開始經營頻道的那幾集，也就是你最糟的時候，還沒有多少人會聽你說話！假如我沒有開始前面的四十五集，我就不會進行第四十六集的錄製，而那才是我的燦爛時光起點。這就是為什麼你應該現在就開始自己的節目，即便你還沒準備好。錄製自己的節目過程中，你就會逐漸摸索出自己說故事的方式和聲音。幸運的是，在我剛開始時，並不懂得如何查詢自己的收聽流量。真是慶幸，不然我恐怕會被那低迷的收聽率給擊倒，就此止步。所以請不要去看你的流量、下載率或任何數字，因為你才剛起步，而美好的事物需要醞釀。

有趣的是，經營 Podcast 頻道大概三年之後，我學會如何檢查下載次數，發現了每集的聽眾約有上萬人！我也發現，那些參加最高等級課程的學員多半都聽過我的節目！我進一步追問後，驚訝地發現，幾乎所有人的歷程都差不多。大部分的人都是先聽個幾集，接著出於某些原因，開始對某幾集內容產生共鳴，促使他們想知道

更多，而回頭收聽第一集，接下來幾乎每週都會聽一至兩集。在上述集數裡，我紀錄了如何重振自己的公司、分享了工作夥伴的故事。通常，這些人還沒聽完全部內容前，就已經報名課程了！

我的 Podcast 不推銷自己或他人的產品，也不賣廣告（你確實可以選擇在節目上獲得營收），我只是想講自己和顧客的故事而已。我不進行任何推銷，然而，我的 Podcast 卻成功將普通聽眾變成了忠實粉絲。當然這不是一蹴可幾的，是我花了三年持續錄製節目的成果。接下來，就讓我分享一下節目成功的祕密好了。

步驟一：每天錄製節目，持續至少一年

你的首要原則是持之以恆。我知道，如果一開始沒有簡單操作的平台或內容的話，我沒辦法堅持太久。哪個平台對你最有效呢？如果你是寫作者，最好使用部落格。如果你是影音創作者，可以從自己的 Vlog 開始。如果你喜歡錄音，不妨以 Podcast 作為起點。首先找到你想發表的形式，再決定要如何發表，以及何時發表。你願意每天早上在午餐前寫一千字的部落格文章嗎？願意在每天晚上睡覺前，臉書直播分享今日所學嗎？有什麼方式能幫助你持續進行？如果你每日發表，並且持續一年，未來你再也不必煩惱經濟問題。在這過程中，你會找到自己說故事的方法，而觀眾總有一天會發覺你的存在。

我的朋友南森・貝利（Nathan Barry）不停地在網站上寫這句話，「在你被發現前，得持續忍耐。」[8]

有多少次你在影集出到第三季時才跟進？我在《冰與火之歌：權力的遊戲》（*Game of Thrones*）第五季上線後才開始追劇。帕特・弗林（Pat Flynn）的 Podcast 做到一百多集，我才知道他的存在；在丹・卡林（Dan Carlin）主持《硬派歷史》（*Hardcore History*）好幾年後，我才發現有這節目。

這是我們的共同經驗。有太多的內容被產製，導致我們無法即時發現。因此，我們往往要等一段時間過去，才會看到最好的果實浮現。如果建立觀眾的第一步是先製造內容，那麼第二步就是要給予足夠的時間耐心等待，直到你被發現為止。

賽斯・高汀（Seth Godin）是個非常願意分享自己時間的專家，你幾乎可以在任何相關主題的 Podcast 聽到他的聲音，前提是，你得先有一百集的投入才行。他只願意對那些持續錄製 Podcast 的創作者展現慷慨。

對於已追蹤我一段時間的讀者來說，你們肯定知道我在 Podcast 圈子打滾許久。你必須持續推出作品，才可能有份量，如果你想維持聲望，就得繼續發布作品。能以這等加速度成長所壯大的聲望，將可持久不墜。

在史蒂芬・拉森買機票參加漏斗駭客大會時，大概已經明白這些道理了，當時他邊打包邊告訴太太，「不管羅素在大會講什麼，我都會照做……但我絕對不會錄製自己的節目。絕對不會。」

在大會開始前，我告訴所有參與者，他們能做的第一件事就是選好平台，在明年的同一天到來之前每天持續發表內容。我告訴他

們，如果他們能持續進行一年，未來將不必再擔心錢的事情。接著我做了一件從未做過的事：我要求所有觀眾當天開始發布內容。

會議室裡的人紛紛舉起了手，而且樂意接受這個挑戰，最後僅有極少數的人真的徹底付諸實行。但，拉森同意接受挑戰了，原本他說絕不願意接受這項提議，卻決定全力以赴。他以 Podcast 作為起點，第一集的現場正是漏斗駭客大會。

大約一週後，他來應徵 ClickFunnels 的職位，並成了我的漏斗建置主管。接下來兩年，他每天坐在隔壁和我一起工作，也見證我如何在分享的過程中反覆學習並改進，包括錄製 Podcast、臉書發文、Periscope 直播等。他很訝異我分享規模之龐大，也因此開始學習我的方法。

接下來，在拉森為 ClickFunnels 工作的兩年裡，他持續經營個人頻道，數個月後陸續得到一些迴響。拉森的聽眾持續成長，直到他決定不再受僱於人，打算自己創業，那時他已經擁有一批大規模的聽眾，願意對他推薦的各種東西買單。節目與聽眾，成為他開展事業的起跑點。他有粉絲、也有追隨者，因此他要做的只是向他們推廣自己創造的新服務，並且取得「一夕之間的成功」。

步驟二：記錄旅程

當我邀請學員開始節目時，他們最大的問題與恐懼是不知道自己可以分享什麼。我從蓋瑞・范納洽（Gary Vaynerchuk）那裡學到最珍貴的一課就是他的名言，「記錄就好，不用創造。」我曾經轉載他的部落格文章，那篇文章充分詳述了這句話背後的深意：

如果你希望別人傾聽，你就得出現。我的意思是，你們很多人根本發布不夠多的文章、影片或內容去累積影響力，如此，觀眾怎麼可能成形？有太多的「內容創作者」（content creators）認為自己只需要全壘打，他們要的是臉書上最美、讚數最多的貼文。

但是他們不了解的是，對完美內容的渴望，使他們陷入真正的困境。

如果你希望在社群媒體上被聽見或看見，那麼你得持續地發布有意義的訊息。你至少每週得在 Youtube、Podcast 或是任何形式的平台，做一次長度足夠的錄音或錄影。你必須每天在 IG 或 Snapchat 發布六到七則消息。

現在你或許會想：「天阿，這也太多了吧。我怎麼可能每天生產六至七則有意義的內容？」

我必須和你分享針對內容產製最重要的建議：記錄就好，不用創造。

簡單來講，「記錄」與「創造」的差異，等同於用真人實境節目《真實世界》（*The Real World*）或《與卡戴珊一家同行》（*Keeping Up with the Kardashians*），去對比《星際大戰》或《六人行》。對比於創造奇幻世界或故事，內容創作者用一種更實際的方式創作內容，畢竟前者對多數人而言實在太過艱難（對我來說也是如此）。

請試想一下：你可以為每則貼文設想出一套策略，又或者為自己創造「意見領袖」的形象……又或者，做你自己就好了。

如果你正在起步打拼的初期階段，那麼維持意見領袖的形象恐怕很難。而且我懂，很多人不擅長這套。你會想其他三十歲、四十

歲、五十歲的人會邊看影片邊批評,「這小鬼懂什麼?」

不過,大部分人在為自己的品牌創造內容時,所犯的錯誤往往是過度膨脹,他們以為這是吸引他人目光的方式。不管你是商業顧問、激勵型講師或藝術家,我認為最有意義的內容在於描述你的過程,而非你「自己認為」該給其他人的建議。

「記錄自己的旅程」與「創造個人形象」的差別在於,前者是描述自己的直覺,後者則是告誡他人該如何作為。懂了嗎?這讓一切看來不同。我相信,比起自詡為下一個值得矚目的大人物,願意分享個人歷程一切的人更可能贏得勝利。

因此當我說請你一天創造六至七則有意義的內容時,你只要拿起智慧型手機、打開臉書直播,並且描述什麼事對你最重要,就可以了。因為,最終人們是否認為你的內文「有創意」或有趣,其實相當主觀。然而,讓自己持續保有能見度、有存在感,這件事不需要任何主觀看法。

「開始第一步」是最重要也是最具挑戰性的環節。人們總是猶豫不決或是過度規畫,卻不展開行動。他們寧可討論不存在的狀況,而無視於眼前變化。

所以,請幫我一個忙。開始記錄吧。

「好吧,我開始了。那然後呢?」你問我嗎?請持續進行五年,再來找我吧。

那些會持續收聽你節目的人,多半在尋找一個答案。而他們會基於相同理由購買你的服務、打開你的郵件,並與你的內容互動。

人們聽我的 Podcast、讀我的書、觀看我的錄影，因為他們希望為公司找到行銷方法。我進行公開活動的原因並非我知道行銷的一切。我只是不斷地研究與尋找更好的行銷方式，而當我有所啟發、有新想法、讀到精彩的文章時，我會與我的觀眾分享。我的好友理查‧史佛蘭（Rich Schefren）曾說過，「人們付大錢給我們，就是要我為他們設想。」

因此，當你開始自己的節目前，我想先問第一個問題，你最期待什麼樣的成果？你希望記錄下自己學到什麼呢？

在你聽我的節目介紹時，就會聽到我已經想好的答案：

最重要的問題是，像我們這種不取巧、花自己的成本、冒風險投資的創業者，要如何向世界行銷產品與服務，我們要如何保持信念，並同時獲利？這是最重要的問題，而我們的 Podcast 將會給你答案。我是羅素‧布朗森，歡迎收聽《行銷機密》。

在這樣的框架下，我將討論、分享以及訪問各式各樣的專家，以協助創業者們賣出自己的產品。如前所述，我開始做 Podcast 節目時，事業正遭逢失敗的低谷。多數人會以為這絕對是開始節目最糟的時機，更別說談論行銷了，但如果你用「記錄就好，不用創造」的心態來進行，這絕對是值得記錄的時刻。事實上，我希望自己早在上線的前十年就開始節目錄製，那我會有更多可以分享的事，畢竟那時候我才起步學習。不管如何，六年後我記錄下了讓公司慘賠，卻透過 ClickFunnels 蒸蒸日上，並年收一億美元的過程。

最重要的是，無數的聽眾與我一起走過這段時光，同時學習到我想教育他們的課題！

步驟三：測試素材

最近我和幾位意見領袖一起到懷俄明州度假與漫談，參與者都是從網路獲利上億美元、並且影響數百萬人的創業者。某個晚上我們在營火堆旁聊天，狄恩·格拉齊斯（Dean Graziosi）分享了一個徹底改變我觀看內容創作材料的觀點。故事大約是這樣的：

你也許有過這種經驗，觀看頂尖的喜劇演員脫口秀時，表演中幾乎所有的梗都能完美爆發能量吧？你不禁開始想，這傢伙怎麼可以這麼好笑？但是你不了解，在他成為喜劇演員的過去十年來，他三不五時就會寫下十來個笑話，去最近的小酒吧測試自己的實力。這十個笑話中，也許有兩個成功，其他的可能是一團災難。他接著回家，保留那兩個成功的笑話，繼續想其他八個新笑話。一週後，再找個地方表演十個笑話，表演結束後，他發現只有一個笑話可以生還。那麼，他手上有三個不錯的笑話了，他再回到自己的公寓，重複同樣的過程，經過了無數個禮拜、無數個月，他有了十個完美的笑話。現在，他準備好了。這就是我們目睹他上台的時刻，他已經充分準備好手上的材料，終於能站上舞台，精湛呈現所有笑話給全世界。

我回顧自己的旅程，想起第一本書。當我寫畢《網路行銷究極

攻略》時，我真的很害怕，也不敢給別人讀。但別人不知道的是，在那之前我費盡了十年的心力與功夫才有那本書的內容誕生。我對行銷十足狂熱，瘋狂閱讀、瀏覽、聆聽任何有關行銷的資料，並拿自己的小事業測試那些想法與概念。我也運用顧問的身分，在別人的事業上進行測試。有些方法有效，有些則以失敗收尾。

接著，我開始帶小型討論會與工作坊，在這過程中討論行銷概念，並觀察哪些點子對人們有益處、哪些概念是徒增困擾。每次教學，我會一次又一次地教授那些概念，並再將所有的故事和想法精簡與濃縮。同時透過訪談、Podcast、影片、文章，反覆測試我的材料。藉由這套方法，我提煉出了價值階梯、祕密公式、流量的三種類型、漏斗駭客、魅力人物等概念。我花了超過十年的時間測試想法，儘管我知道自己已經準備好了，但我也對讀者是否買單而感到焦慮。

《專家機密》也是如此。我花了兩年時間在 Podcast 討論相關內容，也去別人的節目擔任嘉賓；利用 Periscope 和臉書直播醞釀想法；主持活動、工作坊、顧問計畫，並用自己與他人的公司測試上述想法，而此書正是最終的成果。

每天上傳貼文或任何內容，在你記錄自己過程的同時，也是測試手邊材料的機會。你會發現，有些訊息能跟聽眾產生連結，並得到轉發分享，而有些內容卻表現普普。你也會觀察到，有些主題的訊息能引起別人參與和留言，有些則會被冷落。唯有持續發表，你才能修正自己的內容、找到說故事的方法，並且吸引到夢幻顧客。不管你的目標是出版、網路研討會、報告、虛擬影片或任何形式，

你發布的內容越多，越頻繁測試市場對內容材料的反應，你的訊息或故事輪廓就會日益清晰，並且吸引到更多的觀眾。

步驟四：學著豐富多產

你的聽眾肯定對你與你的分享抱有興趣。如果你很無聊，那麼他們肯定排斥與你互動。在過去十年裡，我看著許多專家如潮水來來去去，我也一直思索著什麼樣的人可以留在舞台上，而什麼樣的人會消失。我發現，不管在哪個領域，最後能取得成功並且保有影響力的，往往是高度多產（prolific）的專家。

當我說多產，很多人會以為我說的是大量生產內容。這或許沒錯，但多產的另一層意思是**豐沛的創新程度**，他們時時在創造新穎而獨特的概念與架構，這正是我所說的多產。為了達到最高程度的影響力，並同時創造利潤，必須將自己的訊息打入甜蜜點（sweet spot），而我使用多產指數（Prolific Index）進行衡量。

多產指數的中央區為主流。此區域包括了時下傳統媒體提倡的概念。舉例來說，如果你是減重專家，那麼最主流的概念就是圍繞著政府提倡的四種食物類型或食物金字塔。或許這些概念有點幫助，不過我認為很多都是直白的謊言。儘管你相信上述概念為真，但分享主流概念不可能讓你獲利，因為那都是免費可得的資訊。

人們上學就是為了學到上述知識，那些都將成為普遍常識，沒有任何值得期待的。主流區域代表無獲利。

現在，占據光譜兩端的是「瘋狂區域」，有許多專家落點在這裡。雖然你可以吸引到少數幾個人進入瘋狂區域，但是要引導大批

多產指數

瘋狂　　　　多產　　　　主流　　　　多產　　　　瘋狂

圖 1.12　當你持續分享新穎且獨創的想法時，就是落點在我所稱的多產地帶。

追隨者進入瘋狂區域，不管是右邊還是左邊，都有頗高難度。

　　舉個我最喜歡的例子，在減重的世界裡，有部在瘋狂區域的紀錄片《吃太陽》（*Eat the Sun*）[9]。在紀錄片裡，他們討論人可以透過看太陽來節制飲食。沒錯，你可以不要一直吃，只要呆呆看著太陽就夠了。很瘋狂吧？不過看完紀錄片，我真的花了幾分鐘凝視太陽，但這並沒有令我瘋狂到完全放棄進食。我當然也不認為有誰能靠這個概念，賺入上百萬美元（不過順道一提，我還滿喜歡那紀錄片的）。

　　真正的甜蜜點，也就是你可以影響最多人、並得到最高利潤的地方，即是多產指數的中間地帶，介於瘋狂區域與主流建議之間。我稱此地為「多產區域」。當你落點在這裡，代表你的概念夠獨特，聽眾自然會注意到你。

　　我最愛的減重領域教練是戴夫・亞斯普雷（Dave Asprey），Bulletproof.com 創始者。他剛開始的故事正完美落在多產區域。某

一天，他在西藏攀越吉羅娑山（Mount Kailasa），為了躲避負十度的低溫而在山屋停留，一碗濃厚的酥油茶下肚，令他滿懷感激。他開始思考，為什麼自己感到如此滿足？很快地，他發現那是因為茶裡面富含油脂，於是他開始在自己的咖啡與茶裡面添加奶油。[10]這個經驗促使他創造了風靡全國的防彈咖啡（Bulletproof Coffee）浪潮。人們跟起流行在咖啡裡放奶油與椰子油，不但減去了重量，也感到心情愉快。

如果這是你第一次聽聞防彈咖啡，恐怕會覺得很瘋狂，不過沒有瘋狂到會令你嗤之以鼻，卻也不會是政府想推廣的減重觀念。防彈咖啡正好就是落在多產區域，使戴夫成為富豪。

你發現到防彈咖啡所激起的兩極化反應了嗎？主流意見恐怕相當排斥防彈咖啡，但是有些事情還滿有趣的。當戴夫講起自己的故事、並以科學佐證時，防彈咖啡立刻掀起一股浪潮。

如果你的訊息可以製造兩極化反應，那麼它就會吸引目光，並帶來某些願意掏腰包的人。中立代表絕對的無聊，想保持中立絕對不可能創造利潤或改變。兩極化才能吸引瘋狂粉絲和追隨者，這就是利潤來源。

你的概念越具兩極化，就會發現反對你的聲音越堅定。若想要擁有真正的粉絲，你絕對無法兩面討好。我希望盡早提醒你這件事，因為很多人（也包括我）總是因為反對聲浪而感到不安。

每創造一百個真實粉絲，可能會出現一名真的討厭你的人。不知何故，那名反對者的音量總是分外鮮明。如果你搜尋自己的名字（或是任何企圖成為改變者的人），你會發現上百萬個粉絲，以及

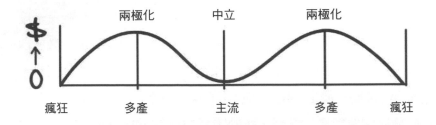

圖 1.13　當你位在多產區，自然會引起兩極化的反應，吸引瘋狂粉絲。

反對者。這就是成為領導者的代價。你必須能坦然接受，因為如果你的訊息不夠兩極化，就無法得到真正的支持者，並創造他們需要的改變。

我從丹‧甘迺迪那學到如何面對憎恨我的酸民，「如果到了中午，你都還沒惹怒一個人，你恐怕行銷得還不夠。」[11]

傑‧亞博拉罕說，「如果你真心認為自己的知識對客戶非常有意義與價值，那麼你就有道德義務，想方設法為他們提供服務。」[12] 這也是我為什麼以非常有侵略性的方式行銷的原因。我真心認為我有道德義務傳遞自己的訊息，因為那改變了我的生活，我知道其他人也可以同等受益。

我希望你開始思索自己的領域。你的知識落點在多產指數的哪個區間？很多時候，許多人希望自己盡可能地與主流意見相近，又或者，他們的想法太過誇張，根本無利可圖。你必須找到自己在瘋狂區域與主流之間的甜蜜點。

步驟五：大師級說服法

在本書裡，你將學習如何說服別人。事實上，本書的第二、第三部分完全與說服有關。但是在我們開始詳述以前，我想讓你先了解說服的本質。

關於說服的主題，我最喜歡布萊爾·瓦倫（Blair Warren）所著作的《一句話就說服人》（*The One Sentence Persuasion Course*）[13]。布萊爾是研究說服法的專家，投入超過十年時間研究與運用說服之道。他用簡單一句話拆解何謂說服，「如果有人能鼓勵自己完成夢想、合理化錯誤、消除恐懼、認同自我的懷疑，並打擊敵人，我們就會願意為對方赴湯蹈火。」

當我第一次讀到這句話時，內心受到極大的衝擊，並且希望永遠記得布萊爾的說法。我畫了簡單的圖，以方便記憶。

我希望快速地描述一下，為什麼上述各步驟那麼有效。我將引用布萊爾的說法，因為他的解釋相當精湛。

鼓勵他們的夢想： 身為領導者，首先你必須了解聽眾的夢想，鼓勵他們透過你提供的機會嘗試看看。家長們常用「我是為了你好」的論調，勸孩子們放棄夢想，並追求更「合理」的目標。孩子們往往只好接受如此的狀況，直到出現另一個願意相信他們、給予鼓勵的人。

此時，誰會擁有更多的權力呢？家長？還是陌生人？

合理化他們的錯誤：多數人成為粉絲前，都曾嘗試過要改變。你不會是他們第一個想要模仿的人。由於某些原因，他們的需求並沒有從上一位學習對象身上獲得滿足。關鍵在於你必須讓他們知道，從前的失敗不能歸咎他們，而是來自過往的錯誤機會。如此一來，他們將會更敞開心房，接受你所提供的新機會。

雖然菲爾博士（Dr. Phil）鼓勵人們承擔自己的錯誤時，有上百萬人為他歡呼，但同時或許也有上百萬的人開始尋覓能將他們的錯誤「合理化」的領導者。他們希望聽到有人說，那些錯誤並不該由自己來負責。雖然，承擔責任是取得人生控制權的方法，但告訴對方不必負責，則是取得影響力的方法。你只要看看政壇就會知道，權力遊戲如何運作。

圖 1.14　要把夢幻顧客轉為真實粉絲，你必須鼓勵他們的夢想、合理化他們的錯誤、消除恐懼、認同他們的懷疑，並幫助他們打擊敵人。

消除恐懼：減輕恐懼的方法，就是使之消失或停頓。如果你能緩解他人的憂懼，並給予對方希望，那麼他們會願意追隨你到世界的盡頭再繞一圈回來。

當我們心懷憂懼，就很難在專注於其他事物上。雖然這道理眾人皆知，但是當對方陷入害怕時，該如何取得他們的關注呢？是的。我們「告訴」對方不用害怕，並期望這就有效了。這會有效嗎？很難。然而，我們往往忽視話語的有效與否，時常誤以為自己已經解決問題，但是對方早就漸行漸遠。不過總有人可以感覺到如此狀況，並且特別關懷我們的恐懼。他們沒有說不要恐懼，而是一直陪伴我們身旁，直到恐懼退散。他們給予實際的承擔、支持，或是說故事，卻從未直說該如何感覺，或是期待我們應當如何感受。在你備感恐懼時，你需要的是哪種陪伴呢？

認同他們的懷疑：你的觀眾肯定會對你或市場上的其他競爭者存疑。他們希望相信改變是可能的，不過卻對前進與否抱持著懷疑的心態。如果你能在故事架構裡描述到類似的質疑、或是克服相似困難的過程，他們將與你產生連結。

這種時候有句話滿適用的：「我懂。」當自己的懷疑受到認可時，人會產生相當特別的情感。如果有人肯定我們的質疑，不但會令人感到優越，也會被那個願意伸出援手的對象吸引。希特勒「認同」了上百萬德國公民對情況的憂慮，並以此吸引他們賦予納粹更多的權力。邪教往往會告訴潛在成員，他們的家人將可能會進一步蓄意阻擾，證實成員的猶疑。對於那些想不顧一切相信的人，要證

實他們心中的猜疑，是相當簡單的事。

打擊他們的敵人：快速增加追隨者的方法之一，就是在社群內創造「他們 v.s 我們」的狀態。請再一次思考你所相信的信念、你為什麼與眾不同，以及你們共同的敵人是誰。為什麼你的運動比其他人更好？

擁有共同的敵人是創造連結最有效的方法。我知道這聽起來很醜陋，但卻無比真實。認同我說法的人，才能懂得運用。而無法理解，或是更糟的，雖然理解卻拒絕相信的人，等同於拋棄了能與人產生最強大連結的方法。不管你怎麼想，其他人都會擁有敵人。沒有人例外。常言道，每個人都參與著一場戰鬥。不管那場戰鬥的對象是個人、團體、疾病、挫折、相異的宗教或哲學，當人們陷入掙扎之中時，往往等待其他人的加入。這些人將比朋友的分量更重。他們會成為夥伴。

步驟六：展現你的在乎

成為專家的下一步驟是向人們展示你的關懷。美國前總統老羅斯福說過，「沒有人在乎你懂什麼，除非他們知道你有多在乎。」[14]如果你的觀眾認為你只是來賺錢的，那麼你所號召的改變將非常短暫，追隨者也不會增加。事實上，你的聽眾將會逐日遞減。如果你選擇了正確的理想客戶，而且很願意免費提供服務、免費教授、免費訓練對方，這就證明了你有多在乎。

當我們為顧客提供服務時，難免會因為索取費用而感到罪惡。

然而，付費也是讓他們取得成功的關鍵之一，原因如下。

首先，付錢的人才會關心。在過去十年來，我時常邀請家人朋友參加那種其他人必須花 5 萬美元才能參與的活動。在那十年中，沒有一個免費參加活動的人創辦了成功的企業。然而，在同個房間裡也坐滿了另一群願意投資自己的人，他們聽到的內容全部相同，花了錢的這群人把同樣的資訊轉化為年獲利百萬美元的企業。是的，付錢的人才會投入，而付越多錢的人，就越投入。如果你低估了自己的服務，那將帶給觀眾無比的傷害。

其次，當你越成功，所擁有的時間也越少。我記得剛起步時，我很驕傲能回覆所有客戶的信件與（數小時的）電話，幾乎來者不拒。我以為我在提供客戶服務，但由於我根本沒有過濾，因此沒有足夠時間為真正的客戶服務。你必須管理時間，好為更多的人服務。當你開始收費時，就是讓那些願意投資的人知道，你真的在意他們的成功。

要找到自己的聲音、建立社群，並讓追隨者們產生生活的改變，需要數個步驟。但是請了解，沒有人可以瞬間成為領導者。因此請開始分享你的訊息，並持續一段時日，直到找到自己的聲音為止。也請思考如何讓自己的訊息更為兩極化，並讓聽眾成為真正的粉絲。分享你的個人經驗與挫折，讓自己更透明。一段時間後，你會自然地成為你的群眾所需要的領導者。

教導你的架構

TEACHING YOUR FRAMEWORKS

　　狄恩・格拉齊斯的《億萬富翁的成功習慣》(*Millionaire Success Habits*)出版數週後,我和幾位成就非凡的人一起參與了一個會議。這會議是為了即將到來的暢銷書預作準備的重量級會議。我環顧四周,很快地發現與會者全是行銷與個人生涯發展領域的重要人士。

　　在會議中,狄恩看向布萊登・伯查德(Brendon Burchard),詢問他是否願意和所有人分享「七日發動」(seven-day launch)的架構。布萊登同意,並拿起馬克筆用兩分鐘潦草地畫出幾個方形、盒子與箭頭,他一句話也沒有說。等他畫完後,轉身並指向所畫的圖形說,「這就是我的七日發動架構」。

　　然後他描述自己是如何想出這套架構,並向我們簡單介紹這過程。然後,他指著草圖的第一部分,開始教授執行這一步所涉及的戰術。

接著他往下解釋後面的步驟。幾乎所有在場者都以音速般的速度，記下布萊登的回答。直到會議室裡有人發問，布萊登才會停下來，回答問題，並且再次回到他的架構上。

「噢，抱歉，我不是故意要你重來一次的。」提問的人說道。

布萊登看向他，並讓他不要擔心。他解釋因為他必須從自己的架構教起，所以得回到剛剛暫停的地方，他完全不介意。接著他說了一句話，那句話一直盤旋在我的腦海裡。他說，「你的架構，就是你的最後防線。」

你懂了嗎？你的架構正是指引方向的基準。如果你遇到阻撓或是不確定下一步要怎麼辦，那麼你的架構將會有關於一切的答案，並把你拉回正確的軌道上。

架構所擁有的另一項關鍵優點在於，無論是自學或對他人教學，都能依據你的需求快速上手或有系統性熟習，細節的多寡完全取決於你。舉例來說，你可以用 YouTube 觀看兩分鐘的教學影片、參加兩小時的網路研討會，或是報名為期兩天的工作坊深入研究。我可以用簡單的影片教導我的完美網路研討會（我確實如此進行），也有能力設計三天的活動進行教學，但使用的架構如出一轍。

如同機密 #5 將會學習的，我們在討論如何快速創造資訊產品時，架構正是關鍵。你的架構可以變成 IG 貼文、YouTube 影片、單集 Podcast、名單磁鐵（lead magnet）❶、書中的章節、一堂課

---

❶ 名單磁鐵（lead magnet），免費提供一個能吸引目標族群的誘餌，像磁鐵般引來潛在客戶。最主要的作用是與潛在顧客交換聯絡方式，常見的名單磁鐵有下載電子書、網路優惠券、註冊免費帳號等。

程、會員網站、顧問課程、資深會員小組等。你將會一再反覆使用自己的架構，並引領夢幻顧客得到他們所期望的結果。

但是在本章中，我將先略過包裝架構的不同方法，而是先討論我們如何提供新的機會或服務給他人。首先，我想以我的架構作為教學準則（當然，我實踐自己所宣揚的原則），如果你想領導自己的夢幻顧客達到所期望的結果，這將是你成為專家的必備關鍵技能之一。

如何教導你的架構

假如你站在舞台上，或是正為期望提供服務的顧客演講，試著

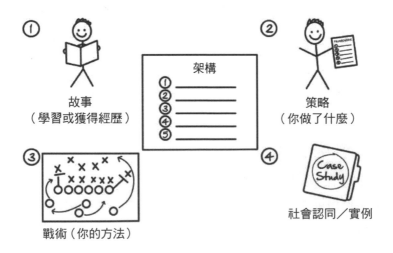

圖 2.1　教導你的架構並好好介紹，說說你是如何學來或是獲得這個架構的故事、分享策略（你做了什麼）、教導戰術（你的方法），並證明此架構對其他人也有效。

向他們解釋你認為會對他們的生命帶來改變的架構或概念，但幾分鐘之後，你看見他們的眼神開始飄忽渙散⋯⋯這絕對是最糟的感覺之一。我有好幾次都想衝下台、雙手抓住他們的肩膀搖晃大喊，「你難道不懂我在說什麼嗎？」我知道自己的概念將會為他們帶來效益，但我卻無法讓他們感興趣、或對我產生信任感。

不過我一直覺得自己身負使命，我想傳遞的訊息確實有其重要性，所以鍥而不捨地去嘗試各種方法。很多時候，我的方法彷彿與這一切格格不入，不過我可是個摔角手，不喜歡投降認輸的感覺，持續努力尋找出路才是我的作風。我知道，只要嘗試夠多次，最終總會迎來大滿貫。

在很長一段時間中，我嘗試了無數方法向別人傳授我的架構，並期望有不同的結果。一次次的實驗下來，我保留可行的方法，並且筆記下有缺陷的策略。我也花很多時間參與活動，觀察其他演說者如何呈現自己的想法，同時還會觀察自己的感受做下筆記，並在自己的演說中加入這些細節。每次我站在一小群人前面演講，都等同是一回測試概念的實驗，挑戰看看我是否能與對方產生火花。數年下來，我的技巧不斷進步，終於發展出「教導架構的架構」（我真的這麼稱呼它）。我運用四階段的系統，確保自己的演說能夠在夢幻顧客心中留下深刻印象，並讓他們記得所學。接下來，我會好好解釋這個系統。

介紹架構：開始教導架構以前，先簡要介紹。我會先告訴聽眾主題架構的名稱。

「這是我的『誘餌、故事、提案』之架構。」

或者「這是我的完美網路研討會架構。」

接著定義這個架構：

我的 _____（填入數字）階段架構（或系統、歷程），

可以達到 _____（填入結果）。

因此，在介紹完美網路研討會架構時，我會這麼說：

這是我的完美網路研討會五階段架構，

可以在九十分鐘內，吸引被動的觀眾購買任何產品。

階段一：分享你如何學習或獲得此架構的故事

人們分享自己的架構時，常常會犯一個錯誤，他們迫不及待想直接切到策略或方法上。多年來我也一直犯這樣的錯誤，因為我太期待要與聽眾分享我學習、鑽研多年的方法，並深知他們的生活會因此產生改變。我花了漫長時間創造架構，因此一直很渴望分享，那感覺就像是分享一份特別的禮物。

當我終於有機會分享了，抱著極大的熱忱樂於將所知傾囊相授，卻看到學員們不屑一顧的樣子。

每遇到這種狀況時，我都會想起《新約聖經》中耶穌在馬太福

音第七章第六節說,「不要把珍珠丟在豬的眼前,牠們會踩在腳下。」這就是我的感覺。我將珍珠獻出,但觀眾卻把它還給我,掉頭就走。

某天,一個小型演講實在令我感到極度沮喪,我手捧著珍珠交給對方,卻根本沒人在意,因此我不免小小地埋怨,「你們知道我剛教給你們什麼嗎?」我問小型工作坊的學員們。「讓我跟你們說說,我花了多少力氣學到這番道理的。」接著我花了十五分鐘講述我在學習背後的挫折、金錢成本、時間成本,如何拿自己與其他人的公司測試此架構的經過,以及我如何日夜修正,好讓這架構日臻完美。

我分享完以後,再次解釋幾分鐘前跟他們分享的珍珠,當時他們仍舊一知半解。不過就在我第二次講解時,他們明瞭了其中的重要性。這就像是戴上了有著特別濾鏡的眼鏡,他們觀看世界的角度不再一樣了。此時的分享,代表了他們可以略過我所經歷的痛苦,因為我已經代替他們承受了;現在,他們終於了解我所分享的知識的重要性。

介紹架構後,我第一件要做的事,就是解釋我的學習過程(透過知識)或實作經過(透過經驗)。你大概已經發覺在本書(以及我所有著作)每一章前、我的每個演講前、每集 Podcast、每則部落格貼文,或任何一支我拍攝的影片裡,我都會先說說自己如何學到或怎麼產出這套即將要分享的概念。如此預先架構能提升我將要分享的概念價值。如果缺乏預先架構,那麼我分享的所有策略與戰術,都將一文不值。

在此階段，你必須介紹自己站在什麼樣的巨人肩膀上，或是從哪裡學來架構的任何一小部分；你如何費了巨大的時間與精力，透過自學或請教他人，以完備此架構；還有你如何訪問了無數的人，設法精進自己的不足。如果你曾向任何人請教，請不要忘了公開致謝。很多人以為，將自己討教的對象公諸於世，會折損專業地位。但事實正好相反。我總是在分享之前，將我所學到的東西歸功於我的導師們。這麼做也幫助我良好維繫與那些導師的關係。如此微小的回報，以表達我對他們慷慨幫助的感激。而聽眾也會更尊敬你，因為你不偷竊別人的點子。

階段二：分享策略（你做了什麼）

接下來我會分享架構的策略。許多人會把策略與戰術混淆，但是在此階段，請務必理解兩者之差異。法南街（Farnam Street）部落格如此解釋兩者的差異[15]：

策略是總體計畫或一系列的目標。要改變策略，就像是要航空母艦掉頭一樣，將會花費許多時間。戰術代表未完成策略所執行的特定行動或步驟。舉例來說，在戰爭時期，國家策略或許是贏得敵國民眾的好感，為達此策略目標，他們必須使用廣播、建造醫院等戰術。而個人化的策略也許是成為特定職業之人士，其戰術則為接受特定教育、選擇有人脈的導師，或是設法讓自己脫穎而出等。

在此教學階段，我會給他們一個整體架構的大綱，這有點像是

書籍目錄，並讓讀者了解我們所在位置，以及即將前往的他方。對很多人來說，那不過就是大綱，沒關係的。以完美網路研討會為例，其架構如下：

完美網路研討會
- 步驟 1：吸引目光並快速建立關係
- 步驟 2：分享你如何得到、學到新機會的故事
- 步驟 3：以三個主要故事（途徑、內在信念、外在信念）打破對方的錯誤信念模式，並重建新信念
- 步驟 4：應用堆疊（Stack）正確定位銷售提案
- 步驟 5：以成交技巧提升成交率

如果你習慣圖像思考，那麼你可以和我一樣，在筆記本上畫點草圖，不過那也不是很必要。呈現自己的架構時，我會進入五階段步驟。你會發現在本書的多數章節中，都會先看到一草圖，接著以數個步驟解釋策略，最後以大綱呈現實踐方法或戰術，或是如何計畫以不同步驟完成策略目標。

階段三：教導戰術（你的方法）

在這階段的重點，是傳授大部分的內容。你學習的原則與工具是什麼，以及他人如何使用相同工具？你會陪著對方理解不同階段的步驟，就好像回到自己一開始學習的狀態。

在我們的三十天巔峰訓練營中，拋出了一個問題給成員思考：

如果有一天，你突然失去所有財富、名望與地位，只剩下行銷的能力。你有堆積如山的帳單，還有不斷催繳的債主。此外，你有一間房子、一台電話、網路連線，與一個月的 ClickFunnels 帳號。你已經失去恩師、追隨者或是商業夥伴。除了你的行銷市場經驗以外，可說是一無所有。你會怎麼做？從第一天到最後三十天，該如何拯救自己？

　　我會透過這樣的提問，思考自己的戰術教學課程。你也可以問問自己下面問題：

　　假如我瞬間失去＿＿＿（因為教學而獲得的成就），而我手上只剩架構，現在我得在沒有任何優勢的狀況下捲土重來，如何在三十天內重新＿＿＿（最終期望結果）？

　　上面的問題可以幫助你以簡單的方式，教授你的架構及原則，這對從零開始的學員們將有莫大助益。

　　你可以依照自己的時間決定，是否要在教導架構的每一步驟內融入「教導架構的架構」。舉例來說，教第一步驟的策略時，可以帶到階段一「你如何學習或獲得的經過」，並為之後傳授的架構增加價值，也能順勢走到階段四說明「此架構對其他人也有助益」。

　　很多時候，架構中的某一個步驟會成為另一個架構（舉例來說，這個章節就是整本書的其中一個架構）。在這種情況下，你就能多次在架構中的單一個步驟達到階段一、二、三、四的目標。

我知道這聽起來很困難，但是看看這本書的架構，就會發現第一部分「創造你的運動」是一個大架構，在此架構下有三個步驟（與策略）。

步驟 1：成為專家
步驟 2：創造新機會
步驟 3：奠基於未來的視野

不過在這架構內，我已經向你展示了「找到自己的聲音」的架構。現在要教你的是「如何教導你的架構」。這些小架構都內嵌在我的基礎架構中，只要時間允許，我隨時都可以回到核心架構。

這就是我們如何運用簡單架構做出兩分鐘 YouTube 教學影片（等級一）、舉辦兩小時的網路研討會（等級二），以及為期三日

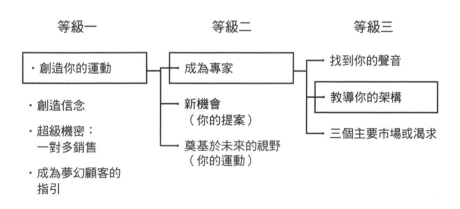

圖 2.2　你可以依據自己的時間多寡，更深入架構。在不同等級的各階段，視情況投入更長時間教導自己的架構。

的現場工作坊活動（等級三），上述都源於同樣的基礎架構，不過當你有更多時間，就能更深入至內建架構。

階段四：證明此架構對其他人也有效

在階段一中，你跟聽眾分享自己如何學習或體驗到此架構的故事，讓他們理解這架構對你有效。最後的階段四，不只是佐證此架構也對他人有效，而且你也有能力成功引導他人運用此架構。

這也是「找到自己的聲音架構，並成為服務提供者」此步驟相當重要的原因。當你花越多時間用他人測試自己的架構，成果會越好。原因在於，你必須歷經多重校正，才有辦法讓自己的架構也同樣對他人有效。由於你兼具經驗與天分，其他人或許沒有如此背景，因此你可能站在相對的制高點上。面對沒有這等優勢的一般人，如果要讓他們適用你的架構，你就必須設法盡可能改進整個流程，彌補這些不足。

另一個原因則在於人們往往會質疑專家。即便他們相信你，但會認為你的成功來自某種他們所無法擁有的特殊能力，因此他們很可能質疑你是否真的能提供幫助。唯有讓他們知道此架構不僅適用於你，也通用在他人身上，他們才有可能相信你的架構。

一旦將自己的架構應用到他人身上，你就必須開始收集故事、案例、證詞、實例與證據，讓人確信你的架構確實能為服務者提供益處。

現在我們已經花許多時間專注在培養你成為專家，並了解你可

代入市場的架構，接下來，我希望將焦點轉到「市場」上，並思考你在市場的位置，以期吸引到理想的顧客，為之提供服務。

三個主要市場或渴望

THE THREE CORE MARKETS OR DESIRES

偶爾我們會在 ClickFunnels 總部舉辦「漏斗駭客松」（Funnel Hack-a-Thon），或簡稱 FHAT。通常我們會選定一主題、概念教學，剩餘的時間就讓每個人精進自己的漏斗。漏斗駭客松通常會進行到很晚，結束時往往已是凌晨兩、三點了。

有次主要訓練者是我的好友史蒂芬·拉森負責駭客松夜間活動。當時他正結束一系列教學，所有人都在研究自己的漏斗，一名參與者從舞台左方靠近他。

「哈囉，我可以向你介紹我的服務嗎？」他問。

「當然好啊！」史蒂芬回答。

接著這名男子開始解釋他的服務。介紹結束後他問，「所以……你覺得這服務吸引人嗎？」

「要看情況。你的市場是哪個領域？」史蒂芬回答。

「其實我不知道。」他回答。

「噢，這聽起來太冒險了吧！」

「等等，這是什麼意思？」

「你想想，如果你不知道客戶是誰，任何想法都只是猜測，因為你不是買家，也不是花錢的人。但你必須先知道客戶是誰，才有辦法創造他們想要的服務。」

三個主要市場（渴望）的定位

所有的產品都會歷經三個主要市場與渴望。三個渴望（不分順序）為健康、財富與人際關係。當人們購買服務或產品時，他們會期望能為三者其一帶來好處。

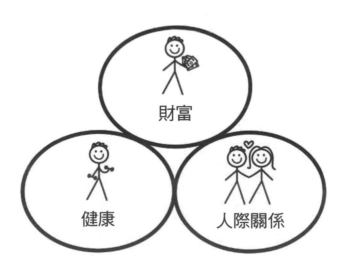

圖 3.1　所有的產品或服務都可以滿足三個主要市場或渴望。

因此你必須先問一個問題：「**我未來的夢幻顧客接受產品或服務時，他們能被滿足哪一項渴望？**」

對很多人來說，這是很容易回答的問題，但有時候我們會因為一些原因卡關。

- **原因 1——我的產品符合超過一項渴望：**許多產品都被設計為符合超過一項渴望，但是你的行銷訊息最好專注於其中「一項」就好。如果你試著說服客戶相信兩件事情，你們的對話通常會砍半（這情況發生機率很可能超過 90%）。所以當你與市場溝通時，請專注於其中一項渴望就好。
- **原因 2——我的產品不符合任何一項渴望：**在我們之前辦的活動裡，有人這麼對拉森說，不過這種錯誤的假設已經被解決了。史蒂芬以吉列刮鬍刀（Gillette）為例，並問大家這產品符合什麼需求。

一開始大家都很安靜，接著幾個人開始猜，「健康嗎？」另一個人喃喃自語，「還是……？」

接著史蒂芬放了吉列刮鬍刀的廣告。在廣告裡，你可以看到故事成形。首先一個男人在刮鬍子。在他刮完後，一位美女向他靠近。接著兩人一同去市區玩。廣告尾聲時，兩人一起回家。

在廣告後，史蒂芬換個方式問，「行銷訊息所創造的渴望是什麼？」

所有人一致答道，「人際關係！」

許多產品可符合多樣類別，表面上看來，它們或許不符合任何項目，但是請記得行銷訊息必須專注於三個渴望中的其中一個。就像史蒂芬常說的，「假如你的產品不符合三項渴望中的任何一項，那麼至少你的行銷訊息要做到這點啊！」

打進次級市場

市場剛開始時，只有這三種主要市場。最早在市場販賣商品的企業，沒有任何競爭對手。在《藍海策略》(*Blue Ocean Strategy*)裡，金偉燦 (W. Chan Kin) 和莫伯尼 (Renée Mauborgne) 把無人競爭的市場稱為「藍海」。[16] 然而，其他企業看到藍海的成功實例後，他們也會跳入同樣的市場競爭。不久，藍海吸引鯊魚前來，並在同個市場競爭。最後畫面將血肉模糊，金偉燦和莫伯尼稱為紅海。

當三個主要市場變成紅海時，企業就會開始在三個主要市場內創造他們的次級市場（新的藍海）。要滿足任何單一渴望有無數的方法，而這正是次級市場的起點。

舉例來說，在健康一欄裡，符合渴望的方式有千萬種。如果你想要健康，可能會希望減重或是增加肌肉量。同樣的，如果你想要財富，或許想透過不動產或網路行銷等方式。如果想改善人際關係，就必須考慮婚姻諮商或約會顧問的建議。在三個主要市場下的次級市場，可以無窮無盡地延伸擴展。

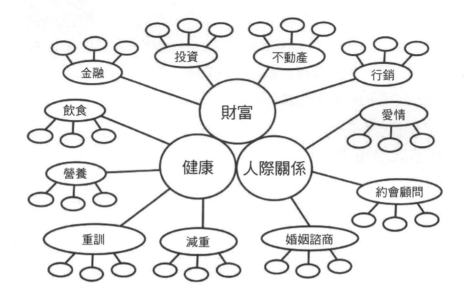

圖 3.2　市場開始飽和後，次級市場便會浮現。

　　因此商人開始創造自己的藍海，並直接行銷新的渴望，以此打中顧客。下面是幾個你可以問自己的問題：

一、這項產品所對應的主要市場中，還有哪些次級市場是人們用來滿足同個渴望的？

二、我的產品或服務適合什麼樣的次級市場？

　　當你開始思考次級市場，我會提出三個疑問，確保你找到正確的次級市場。

問題一：對於你所提供的新機會與架構，次級市場內的人們會感到興奮嗎？

我希望你開始思考自己創造的新架構。因為當你把次級市場的消費者拉進你所創造的圈圈時，你必須確定他們期待你分享的新機會。你的新機會得真的有意思到讓人願意採取行動。

問題二：此市場內的人們有著異乎尋常的狂熱嗎？

在我們思考市場是否具熱情以前，我必須先問你個私人問題。你對自己的主題有著異乎尋常的狂熱嗎？你和朋友或家人相處時，你會一直提到這主題，儘管看起來沒人感到興趣嗎？如果是的話，那是個好現象。不過，其他人也有表現出像你一樣的超級狂熱嗎？我在評斷市場時，主要依據如下：

- **社群**：是否有因此主題而產生的網路論壇、聊天室或社群？是否有臉書社群、粉絲頁、YouTube 頻道、Podcast 或部落格專門鑽研這個主題？
- **字彙**：此市場是否擁有自己的語言？在網路行銷世界裡，你會聽到「自動回應器」（autoresponder）、「拆分測試」（split testing）與「擠壓頁面」（squeeze pages）。在健康與生物駭客（biohacking）市場裡，他們會談「血液測試」或酮。任何異乎尋常的市場總會擁有自己的字彙。那你的呢？
- **活動**：此市場有沒有自己的活動？可能是線上或線下論壇、

研討會、高峰會或大師會議等。如果你的市場裡沒有特定活動，那麼你可能會很難吸引到顧客參與網路研討會或訓練。如果他們已經在參加活動了，那事情就簡單許多。

- **其他專家：**市場裡是否有所屬的名人或大師？在你鎖定的這塊市場必須要先有些活躍的專家，並且有其他資訊產品正在流通。你不會想成為市場內的第一位名人的。你想要的，會是一個已經擁有利基（Niche，也稱小眾市場）或圈內主題的次級市場。

問題三：人們願意、也有能力花錢購買資訊嗎？

有時候，人們願意花錢但沒有能力，因為他們已經破產。有些時候，他們有龐大的財富有能力，卻不願意花任何小錢。你的次級市場必須擁有消費的能力與意願。

舉例來說，我有個朋友在電玩世界工作很長一段時間。他花了很多力氣試圖在次級市場裡推出新產品。然而，他發現儘管電玩社群龐大，但是多數的小孩都沒有信用卡。要說服媽媽購買能提昇電玩戰力的課程，實在太過困難。雖然他的目標客群很願意購買產品，但是他們卻沒有購買能力。

不過，反之亦然。我的核心圈會員裡有名成員喬・愛爾威（Joel Erway），一開始他主攻向工程師推銷課程。但是他發現，這群夢幻顧客雖然有購買產品的能力，卻對購買遊戲諮詢課程興趣缺缺。他花了將近一年的時間，嘗試過各種方法，始終沒有什麼人願意買單。直到他終於找到一塊有意願、並且有能力購買的市場行

銷，他瞬間成為「一夕成功」的佼佼者。

找到利基市場，發展小眾商機

商人開始創造次級市場時，其過程和主要市場相當近似。其他的鯊魚會立刻看見機會。不久之後，藍海將密布血腥的競爭。

而那有可能正是我們所面對的市場。主要市場和次級市場都是紅海了，現在我們得更深入前往我所謂的「利基」。每個次級市場內都有利基，這是滿足次級市場渴望的特殊方法，並且能間接地滿足消費者的主要渴望。

在每個主要市場內，利基的數目乃無上限。我們試著來指出幾個流行次級市場的利基。

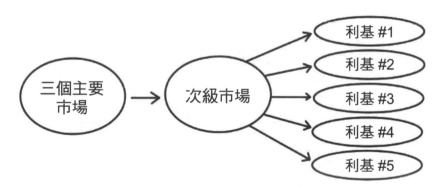

圖 3.3　現在主要市場與次級市場都成為紅海，你必須更深入尋找海水還是藍的地方。

主要市場 → 次級市場 → 利基

健康 → 營養 → 生酮飲食

健康 → 營養 → 原始人飲食法

健康 → 營養 → 純肉飲食法

健康 → 減重 → 女性減重

健康 → 減重 → 大學生減重

健康 → 減重 → 伴侶減重

財富 → 不動產 → 短售屋

財富 → 不動產 → 炒房

財富 → 不動產 → 在 eBay 炒房

財富 → 網路事業 → 在亞馬遜銷售商品

財富 → 網路事業 → 在 Shopify 銷售商品

財富 → 網路事業 → 買臉書廣告

人際關係 → 養育子女 → 嬰幼兒的需求照護

人際關係 → 養育子女 → 與青少年的親子溝通

人際關係 → 養育子女 → 空巢期的婚姻之道

人際關係 → 約會 → 如何和女生聊天

人際關係 → 約會 → 如何在分手後重新振作

人際關係 → 約會 → 如何確認自己戀愛了

看見了嗎？任何次級市場都可以分裂成上千個利基，甚至更多。接下來我的問題是：**「你選擇的次級市場內有多少利基？」**

創造你自己的品類（成為該品類之王）

大部分人犯的錯誤在於，他們觀察所有現有利基，並且試圖決定該進入哪個藍海。問題在於跳入現有利基，等同於在別人的藍海裡泅泳。而如果你是此利基的第三、第四或五個挑戰者，那麼海水很快會變成深紅。

我最愛的書之一《吃掉 80% 市場的稱霸策略》（*Play Bigger*）中，作者定義利基或品類的領導者為「品類之王」（category king）。[17] 這代表此公司為該市場中的最大玩家。資料顯示，品類之王往往獨享該品類利潤或市值的 70% 至 80％之間。品類之王不需要最早到來，但是品類之王必須是最好的行銷業務，並吸走了大部分的業務。以歷史來看，要推翻品類之王根本是天方夜譚。其他進入該品類的鯊魚們，往往只能彼此爭搶剩下的 20% 到 30％的市場。如果你試圖辨識出自己想參與的利基，那麼最好的可能是，你成為爭奪現有品類剩餘市場的其中一隻鯊魚，並成為讓海水開始透出血色的始作俑者。

開啟 ClickFunnels 計畫時，我們有無數個定義公司的方法。我

們能打造很好的登陸頁（Landing Page，又稱一頁式網站），但是在登陸頁軟體利基中，已經有品類之王的存在。我們有很好的行銷自動化（Marketing Automation）軟體，但在此利基內也早有品類之王存在。Email 行銷（Email Marketing）、拆分測試等都是如此。所有的利基都早已有品類之王存在。因此我們創造自己的新品類，稱之為「銷售漏斗」（sales funnels），這讓我們有能力快速成為該品類之王，並且短時間內在市場內稱霸。

我們都看過鯊魚前來，並且將海水染紅的畫面，此時，牠們爭奪的就是剩餘市場而已。我最後的提問如下：**「你能創造什麼新品類，並成為此品類之王呢？」**

你的目標是辨識出你的次級市場內的利基，並觀察你創造的品類是否真為新品類。在下個機密分享中，我們會花更多時間在說明如何創造你的新機會。

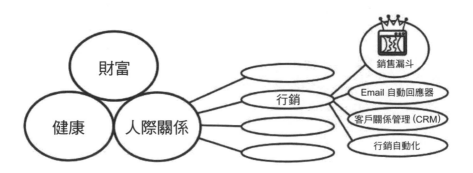

圖 3.4　與其加入別人的藍海利基，不如創造自己的品類，並成為品類之王！

市場選擇與定位

在本書初版時，我開始了企劃活動，並以全球上千個企業為例闡述書中概念。本章之前提過的史蒂芬‧拉森就和我一起帶了許多活動。因應人們無法理解市場的情況，拉森發展出自己的架構，更詳細地解釋市場選擇與定位，他也在本書中分享自己的經驗。拉森說，如果你做了正確的市場定位，那麼即便你的漏斗與銷售能力相當不足，也不可能失敗。

史蒂芬‧拉森的市場選擇機密

2014 年當羅素‧布朗森、陶德‧狄克森與迪倫‧瓊斯（Dylan Jones）創造 ClickFunnels 時，這並非第一次有人嘗試這麼做，有許多人都曾經對銷售漏斗進行軟體工程的實驗。然而，這三人都是不可多得的天才。在他們無視別人的失敗、成功創建軟體後，接下來的問題就是如何銷售此軟體。

很多人不知道，ClickFunnels 曾經幾乎要失敗了。這並非是軟體不夠好的原因，而是因為他們不知道如何行銷自己的產品。羅素告訴我，在他終於知道如何行銷此軟體前，他曾經試著推廣 ClickFunnels 六次。直到第六次他才找到正確的市場定位，找到在紅海中掙扎、挫折的顧客們，並給予他們新的機會。

接下來，讓我解釋一下這背後的運作細節，然後再回到這個故事，向讀者展示他是如何利用這些原則並在這片市場中鎖定夢幻顧客，創立了有史以來成長速度最快的軟體公司之一。

市場代表的是地方，而非個人

要解釋此概念，首先，讓我們試著想像你是個漁夫，你住在大村莊的外圍。你醒來，走出茅草屋，穿上涼鞋，並抬起今天必須賣掉的漁獲。當你望向村莊時，看到山坡上有不少小屋。你的家人期望你可以賣掉手邊的漁獲，但是由於你距離村莊很遠，因此你只有短短時間可以抵達村莊，並在一個定點賣掉漁獲。

所以你得在哪個地方賣魚呢？我曾經在講台上問過這問題無數次，大部分人都會回答，「去可以遇見最多人的地方賣啊！」

沒錯！你走到大家習慣聚集的地方，這也就是市場或市集所在。市場正是買家與賣家交換產品與服務的地方。

不要以為在網路世界有什麼不同。我在修讀行銷學位時，常常被問道，「你的目標市場在哪？」然而，正如同我的村莊例子說明的，市場不是一個人，而是地方。

舉例來說，我和太太住在愛達荷州的波夕，距離 ClickFunnels 總部約五公里遠。我們常常得在週六早晨起床，把三個孩子帶上車，並開到波夕的農夫市場。

你注意到我的句子了嗎？我們**前往**農夫市集，因為我們不是市場。我是小販的夢幻顧客。你的工作就是找到誰是夢幻顧客、以及他們的市場所在位置，而他們早已準備好購買產品或服務（不管是在線上或線下）。如果你能正確地知道夢幻顧客是誰，以及他們會去的地方，那麼成功指日可待，並可以創造相當有效的行銷計畫。

因此，問題絕不是「誰是你的市場？」而是「**你的市場在哪**

裡？」，以及「**在你的市場內的顧客是誰？**」。舉例來說，ClickFunnels 是我的市場，而我的夢幻顧客為現有企業業主，他們因為 ClickFunnels 而前來市場。對我的企業最有利潤的方式是與我的夢幻顧客在市場相遇，而非在村莊裡到處尋覓顧客。

如果你的目標是創造自己的市場，那你得花上許多時間。因此，在你創造自己的市場前，現有市場在哪裡呢？你最好前往夢幻顧客正在打轉的次級市場／紅海裡，把產品賣給那些沮喪的人們。

在紅海裡釣魚

每個紅海各代表了因為想要解決特定問題而前來的人的市場。如果你為人們提供新的解方，那麼前往紅海釣魚，並把符合新品類的夢幻顧客釣起，移往你的新藍海，不就是最好的做法嗎？你需要

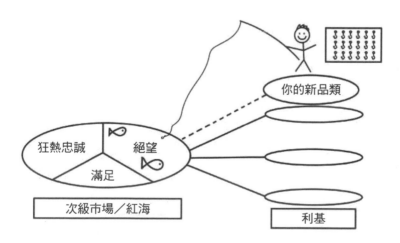

圖 3.5　如果你還沒創造自己的新品類，那麼你可以在次級市場內銷售產品給其他沮喪的顧客。

了解的第一個問題是，不是每個在你的次級市場中的顧客都會游向你，這無所謂。每個市場內都有三個主要群體，而我們只要將目標鎖定在一個群體上即可。

第一個群體即是「狂熱忠誠」的顧客。所謂的狂熱群體，對現在使用的產品深信不疑，他們甚至可以把商標刺青在額頭上。要賣產品給狂熱群體的困難度，不亞於在超級盃上兩個想互相說服對方倒戈陣營的球迷，只會惹毛對方罷了。

在為無數的企業諮詢過銷售漏斗與服務問題後，我可以告訴你行銷人員最常犯的一個錯誤就是將狂熱群體當作文案投射的目標。我自己當然是 ClickFunnels 的狂熱顧客。你不可能要我放棄這軟體。我一心一意投入在此任務上，你甚至可以把這幾個字刻在我的棺木上。

當其他人企圖要說服我使用其他軟體時，我總是很開心。原因有二。首先，我真的不知道還有什麼更好的選擇。其次，我很喜歡和對方辯論。

你懂了嗎？當你選好想要提供服務的市場時，請不要試圖銷售給最狂熱的那群鐵粉。這很浪費資源與成本。他們對於所使用的產品太過痴迷，就算對其他可能性完全不知情，但他們還是很樂意與你爭辯一番。

另一群體為「滿足」的顧客。滿足群體喜愛他們所購買的產品，但沒有像狂熱群體愛得那麼極端。他們擁有使用產品的良好經驗，也沒有想棄用，但是若要他們轉換使用新產品，適用期可能帶來相當的不便，這恐怕勝過舊產品的缺陷。

最後一個群體，也就是我們應當聚焦的群體，也就是「沮喪」的顧客。沮喪顧客也使用產品，但是卻抱持反感。一開始令人感到興奮的商品，已經轉而帶來沮喪感，因此他們期待下一個新產品。他們很積極地想找到能符合自己渴望的產品。他們擁有較短的銷售周期（sales cycle），甚至會在你的文案結束以前，就掏錢買單。

很多時候，他們不知道其他選項的存在，所以認為自己只能將就現有產品。這就是我的夢幻顧客，因為等他們購買後就會更渴望我的產品，並且擁有更佳的銷售體驗。

當你發現顧客對現有選項抱有不滿與痛恨，便可以確定他們正是紅海中沮喪的目標群體。要讓沮喪顧客轉用新產品的第一要件就是，確認他們的行蹤，獲取信任感，並給予對方一點教育。

我在第一項產品所學到的經驗是，當時我名單上的顧客全屬於市場中的滿足或狂熱顧客，這讓我從行銷初始就遇上艱難的挑戰。換言之，如果你打從一開始就預計只銷售給你市場內的沮喪顧客，你將會擁有更為愉悅的商業與消費者體驗。

商機的缺口：競爭性或補充性

你所提供的服務可能是市場上其他商品的競爭性商品，或補充性商品。

競爭性：大衛・奧格威（David Ogilvy）是 1990 年代著名的廣告大師，他被稱為「廣告之父」。[18] 在 1950 年代，多芬公司拜訪大衛・奧格威，並雇用他擔任新款肥皂的主要行銷顧問。[19] 大衛一開

始相當不情願，但是當他聽到他們對新香皂的定位後，感到大不認同，並且決定加入行銷團隊。

在大衛研究一番並設計文案後，他以一行金句幫助多芬讓新產品亮相——「這不是香皂。這是多芬！」等等，但多芬就是香皂啊。這怎麼會行得通？大衛用簡單一句話，拉開了多芬香皂與其他競爭性香皂產品的距離，但又向香皂市場裡的消費者販賣自己的產品。「這不是香皂。這是多芬！」多芬就像是對香皂市場丟石頭，並告訴消費者快快離開香皂市場，投入多芬的懷抱。

接下來，大衛告訴消費者，多芬基本功能是保濕，也可以像香皂一樣有潔淨效果。因此，此產品雖然擁有香皂的功能，但是你真正買的是保濕用品。超聰明的。

市場定位代表人們如何將你放入他們已知的世界。人人都知道香皂，因此大衛將訊息塞入他們已知的世界，卻又朝它丟石頭。這就是競爭型市場定位。

補充性：1900 年代早期沒人在喝柳橙汁，純粹是因為柳橙沒什麼特別的。而真正發明柳橙汁的人阿爾伯特・拉斯克（Albert Lasker）——當代廣告之父。當時加州果農合作社（California Fruit Growers Exchange）聯繫阿爾伯特，並告訴他果農遇上了大麻煩。[20] 那年出於不明原因，柳橙樹產量過剩，而果農必須砍倒柳橙樹。阿爾伯特的任務就是大幅提升柳橙交易量。

首先，阿爾伯特將加州果農合作社改名為香吉士（Sunkist）。阿爾伯特發現人們可從柳橙中榨取果汁享用，而一杯柳橙汁大約需

要二到三顆柳橙。接著，他將喝柳橙汁塑造成健康美式早餐中的必要元素。

因此他的公司發明了「柳橙榨取機器」（你家現在恐怕也有一台），並提供服務。你可以花 10 美分購買柳橙榨取機器，並得到一籃免費的柳橙！他的計畫相當有效。訂單源源不絕，也拯救了香吉士。當初「喝一顆柳橙」名句，到現在都還耳熟能詳。

你看懂阿爾伯特如何利用補充性市場定位，販賣他的新柳橙榨取機器嗎？他為市場現有的產品提供補充性商品，而非朝市場上的現存商品丟石頭，他的做法和大衛・奧格威不同。

我舉這例子，就是因為有太多人認為創造新市場的唯一手段，就是朝現有市場丟石頭，而這並非全然正確。

關於市場定位的簡單原則，你現在了解箇中益處了嗎？市場就是一個地點，而你正等同於在紅海中釣魚，而等待上鉤的則是那些對現有產品感到沮喪，並期待新機會的顧客們。

這就是 ClickFunnels 在第六次發起行銷活動大獲成功的原因。羅素將 ClickFunnels 定位為網路市場的競爭性商品。當時行銷文案的目標主攻那群沮喪的網路使用者，並向他們推廣更好的產品，以期解決他們的失望。當時文案以警告網路使用者們「網站之死」作為行銷金句，並拿無效的網站與銷售漏斗進行比較。

好的市場定位文案，不但讓消費者一目瞭然，深知你的產品與現有市場的關係，也創造非常易於行銷的訊息：「這不是香皂，這是多芬！」「這不是網站，這是漏斗！」這句子對網路市場相當有競

爭性，成功讓漏斗市場在網站市場之中架構出一塊地盤。

毫無疑問的，ClickFunnels 將權力從科技大頭移轉到創業者身上，並改變了世界，但是你無須成為科技狂人。因為 ClickFunnels，創業者們再次擁有行銷的能力。

有些產品雖然無法大獲全勝，但仍然不失為好產品。這不是問題。問題在於企業主往往不知道自己的客戶是誰、客戶目前在購買誰的商品，以及該運用何種市場定位。選擇夢幻顧客、選擇市場，或是發展自己的市場定位，能讓你懂的東西比我剛推出三十四項產品時所經歷的還多。直到真正了解如何行銷後，我才開始有了進帳。如喬・波利許（Joe Polish）所說的，「做得好不代表賣得好。然而，行銷得好往往可以賣得好。」[21]

做功課，好好了解你的市場

我喜歡分享史蒂芬對於市場選擇與定位的想法，因為你必須猜想誰是你的未來夢幻顧客。唯有快速認出夢幻顧客，你才有辦法吸引他們前往新的品類消費。

數年前，有位在不動產收益頗豐的顧客加入我的核心圈大師班顧問計畫。他跟我說，他想成為真正的不動產專家，並成為顧問。我感到興奮，因為雖然我不涉足不動產領域，但是確實認識不少業內人士。於是我詢問他是否認識我的幾位朋友，他們絕對是不動產界的重要人物，不過對方卻完全沒聽說過。我跟他說，假如我對不動產的了解再多一點，他就完蛋了。我給他的功課，是找出在不動

產市場裡現存的二十至三十位大師，體驗他們所提供的一切服務、觀察他們教學的內容，並思考自己是否可以在不動產生態系中找到獨特的一席之地。

很多人都想開公司、創業，然而他們往往只知創造，卻沒有徹底了解市場的歷史。他們不知道競爭性現狀為何，也不清楚自己在此生態系統的位置又在哪裡。如果你真的渴望成功，那麼請做功課，並且學著理解自己即將進入的市場，如此你才能創造自己的品類。當你完成時，你將可以輕易辨識出沮喪的夢幻顧客在哪裡聚集。

新機會（你的提案）

The New Opportunity
(Your Offer)

機密 #4

新機會的誕生

THE NEW OPPORTUNITY

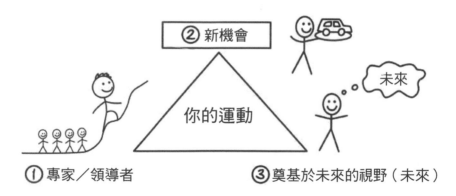

② 新機會

你的運動

未來

① 專家/領導者　　　③ 奠基於未來的視野（未來）

圖 4.1　成為專家的第二階段是創造你的新機會。

2001 年 10 月 23 日，蘋果電腦的魅力人物賈伯斯（Steve Jobs）推出了數位音樂播放器的新品類。他站在全世界面前，告訴所有觀眾他希望改革音樂產業（他想要在次級市場創造新品類）。

他談論了該次級市場的其他利基：可容納十到十五首歌的 CD、可儲存約一百五十首歌曲的 MP3，以及可儲存近一千首歌的笨重硬碟。[22]

接著，賈伯斯做了所有運動領導者都會做的事。他並**沒有**呈現「改進後的選項」（例如更快、更好，更高等級的選擇）。相反的，他創造新品類，並且提供我們所稱呼的「新機會」。

他清楚表明，他的目標是讓你可以將所有音樂都放到口袋，並且走到哪、聽到哪。接著他伸手摸向後方口袋，把第一台 iPod 展現在全世界眼前。他推出了新品類，徹底改變音樂產業，並讓蘋果成為品類之王。

幾年後，他以同樣的模式創造另一個新品類（智慧型手機），並向全世界推出蘋果的新機會：iPhone。又後來，他用 iPad 創造了另一個新機會。

賈伯斯知道消費者們並不期待更快的 CD 或更好的手機。他們想要新的東西，因此，他創造了上述商品。

若你研究歷史上任何成功的運動（正向或負面的），就會發現所有的領導者都會提供追隨者新的機會。

基督並沒有給追隨者們更好的方式追隨《摩西律法》。他提供了《新約》，而救贖並不來自動物獻祭或遵守律法，而是破碎的心與懺悔的精神。

希特勒並沒有讓德國人去創造更好的德國，也沒有找出更快償還戰爭賠款的方法。他向德國人說，德國並不應該為一戰負責，他想撕毀《凡爾賽條約》（Treaty of Versailles），並推出自己的「新秩

序」（New Order）。

如你所見，這是蘋果一再使用的手法，特斯拉等公司也不例外。特斯拉的魅力人物伊隆·馬斯克（Elon Musk）並沒有打造更好的車子，而是推出電動車：一個新品類與新機會。臉書的馬克·祖克柏（Mark Zuckerberg）與 Google 的賴利·佩吉（Larry Page）、謝爾蓋·布林（Sergey Brin）也以一樣的方式面對自己的次級市場。Snapchat 的伊萬·斯皮格（Evan Spiegel）與 Twitter 的傑克·多西（Jack Dorsey）創造了新品類與新機會。東尼·羅賓斯用個人的發展內容，同樣創造了新機會。而我的 ClickFunnels 也是如此。此模式將一再地重複又重複。

賀佛爾（Eric Hoffer）在討論大眾運動本質的重要著作《群眾運動聖經》（*The True Believer*）中提到，「有效的組織提供讓個人提升的機會……對大眾運動來說，重要的不是吸引那些期望自我增進的人們，而是能吸引到那群想拋棄自我、厭棄自我的人。」[23]

我們的目標並不是修正錯誤的部分。而是**用截然不同的選項，取代不可行的部分**。

很多時候，人們會開始思考自己想提供的服務，他們會四處張望，檢視現有的服務為何，並想辦法設計出更好的捕鼠器。不過如此一來，你並沒有提供消費者新的機會，你提供的是一個修正方案。當你這麼做時，你等同於是另一隻游入他人藍海的鯊魚，最好的結果也不就是爭奪到那些殘渣剩羹？

反之，當你創造新品類、提供消費者新機會，你就有望成為品類之王，並且能夠深刻影響他人的生活。

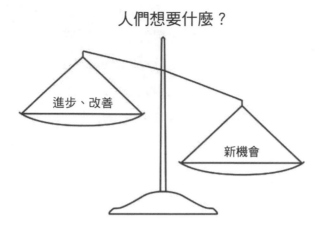

人們想要什麼？

進步、改善

新機會

圖 4.2 　與其改進他人的服務或產品，不如創造你的新機會，並拉開與其他競爭者的距離。

為什麼消費者不渴望更好的修正方案？

存在眾多原因，導致要銷售修正版服務或產品相當困難。人們排斥修正版提案的主要原因如下：

第一，進步相當艱難：很多人在過去都試圖針對目標加以改善、試圖進步，不過卻失敗了。他們試著減重、試著賺錢、試著修復關係。但是當他們來到你的面前時，代表之前的一切嘗試都失敗了。他們太清楚過程的艱難，而且光是想起就讓人頭痛。

然而，新機會來臨時，他們並不知道會經歷什麼，也不知道如此過程會帶來何等的痛苦。《群眾運動聖經》裡這麼提到：「（你們的客戶）必須對眼前挑戰的困難毫不知情。任何經驗都會帶來阻

礙。」

第二，**欲望與野心**：每個人都有欲望，但有野心的人不多。我自己認為在全人口裡不到 2% 的人擁有野心。真正的修正方案，只能推給那些高成就與高野心的族群。

如果你賣的是改進版本的提案，那麼代表你已率先將 98% 的人口排除在外。那絕對是一場困獸之鬥。相反的，新機會代表能吸引那些擁有改變欲望的人們。

第三，**關於過往錯誤決定的記憶**：如果你的追隨者需要的是修正與進步，那代表他們先得承認自己的失敗。在他們接納你的產品之前，必須先承認過去決策的錯誤。沒有人想承認自己的錯誤，然而改進版本的產品正是強迫人們面對自己的缺失。記得本書先前提過的《一句話就說服人》嗎？我們需要將他們過去的失敗合理化。而新機會正好有如此功能。

第四，**商品定價**：當你銷售改進版本的服務時，將面臨無數提供改進服務的競爭者。你等於是在紅海中掙扎，並且與其他相似的新服務提供者競爭。如此的競爭將會把你提供的服務商品化，並降低售價。很快地，我們很難避免低價競爭。

丹·甘迺迪曾經跟我說，「如果你無法成為市場裡的最低價者，那麼當第二低價者，絕對沒有任何策略性優勢可言。這時候成為最高價者，反而擁有策略優勢。」換句話說，如果你不能當最廉

價的那個方案，那就必須成為最昂貴的。但如果你還在紅海搏鬥，就不可能做到。一旦你提供新機會，就創造了新藍海，而所有的價格障礙也都被排除了。

不過，人們排斥改進版本提案的最大原因，其實相當重要。我希望用下面一整段內容來解釋。人們不想要改變，以及他們願意或不願意買特定服務的最大原因是：地位（status）。

地位：讓人們移動（或不移動）的唯一原因

數年前，我的朋友佩里‧貝爾徹（Perry Belcher）曾經向我解釋一個概念，在我全然理解後，也徹底改變了我和所有人的互動方式。他說，決定人們向你靠近或是不靠近的主要原因就是地位。真的。在業界裡，地位就代表了魔力。當有人能提供新機會時，其他人潛意識裡會不斷地問自己：「**我的地位能因此提升嗎？還是降低呢？**」

我所說的地位，代表你如何認知自己，而非他人對你的認知。

不管你有意識或無意識，生活中的每個選擇都與地位有關。舉例來說，你念什麼學校？你（或父母）所選的學校必然能提升你的地位。和誰約會？和誰分手了？和誰結婚？你所選擇的對象，取決於你認定誰會提升你的地位。你的小孩上什麼學校？平常閱讀什麼書？開什麼車？什麼車是你不會開的？

上述這些問題都與地位有關。幾乎你做的所有決定，在潛意識

圖 4.3　如果你想要讓消費者買單，就必須讓他們知道你的產品可以提
昇地位。

層面都與地位有關：「**我的地位能因此提升嗎？還是降低呢？**」

　　當我們看到了新機會，必須先評斷這是否會讓我們看起來更聰
明、更開心、更富有、更有型、更有勢力或更有魅力。上述狀況都
代表地位的提昇。如果潛在消費者能說出，「是的，這會提升我的
地位。」他們就會往這邊靠攏。

　　那什麼樣的新機會可能令消費者遠離呢？答案就是對地位降低
的恐懼。能扼殺掉任何購物欲望的恐懼，莫過於如此想法：「這會
降低我的地位嗎？顯得我很蠢嗎？」我們的頭腦會不斷地反覆思考
這些問題。如果你試圖銷售一套減重課程，但對方在此之前已經失
敗二十七次了，那他的恐懼感肯定相當巨大。要想把這套課程賣給
對方，恐怕不容易。

　　如果你的大腦認為特定行動會降低自己的地位，那你就不可能

地位提升

圖 4.4　雖然在行銷時，你應該盡可能集中在主要市場或渴望，但想必你也會希望自己的服務能多方面提升消費者的地位。

付諸行動，除非大腦認為暫時的地位降低（花錢嘗試新機會），可以帶動未來的地位提升。換言之，你的大腦永遠會不斷地質疑，「這是暫時的嗎？如果是的話，未來地位會提升嗎？」

　　當人們初次認識你或是你的產品服務時，這恐怕不會是他們第一次嘗試解決自己的問題。他們早就試過減重，也試過許多賺錢方法。不管你的提案是什麼，他們恐怕在尋覓答案的路上有一陣子了。對他們而言，最大的恐懼就是：「如果我在這專家身上花 1,000 美元、1 萬美元或 10 萬美元，卻沒有改變任何事的話，我只會讓自己看起來像個笨蛋。我會賠錢、犯錯、傷害到感情和人際關係，在朋友或同事面前丟臉。我的太太、孩子或朋友都會目睹我的失誤，並且覺得我很愚蠢。」

地位降低

地位

感到愚蠢

圖 4.5　我們的大腦會持續避免可能降低地位的機會。

　　每當有人花費 5 萬美元參加我的核心圈大師班課程，這筆投資成本將會瞬間降低他們的地位。不過我的學員們很清楚這短暫的地位減損，會因為所學習到的知識與啟發，在未來提升他們的地位。

　　人們會權衡成功的可能性、地位的提升，與失敗的風險和成本。作為專家，你的工作是加強人們地位提升的比重，並降低失敗風險。你可以提供較好的方案以降低人們的風險，好比退款承諾、風險逆轉（risk reversals）或客製化配套方案等。但是成交的關鍵永遠與地位有關。

　　人們檢視你提供的新機會時，他們最想釐清的正是地位升降的可能性。我往往會先理解他們對自我的地位認知為何，接著試圖讓提案能大幅增加他們的地位，並且降低折損其地位的可能性。因此，很明顯的，你已相當清楚為什麼改進版本的提案會面臨巨大的銷售困難。對於購買改進版本的顧客來說，這等同於承認自己過往

地位認知

新機會

地位提升 ① ② ③ ④ ⑤

地位降低 ① ② ③ ④ ⑤

圖 4.6　你的目標是加強地位提升、並縮小地位降低的可能，透過客製化或退款承諾等方式，確保自己的提案安全無虞。

的決策有誤，並讓他們地位減損。接著，你將面臨艱險的銷售戰，這根本沒有勝算。

所以，什麼因素可以提升地位呢？嗯，這真的見仁見智，不過我們依然可以找到一些通則。

- 才智的顯現（任何能讓人看起來更聰明的選擇）
- 財富、權力與幸福的顯現
- 外在（減重、化妝、營養補充品等）
- 風格（好比 PC 與 Mac 的差異）

現在，你可能會想像，「我完全不受地位因素的影響。我寧願開價格合宜的車子，並購買平實的房子。」不過，即便如此，我還

是想問你，為什麼呢？你為什麼希望開一台價格合理的車子？如果有一天你開了法拉利回家，你是否害怕鄰居、家人、朋友會對你有所批評？如果他們真的因此批評你，這會影響你的地位嗎？

地位的影響力會以兩方向進行。這也是為什麼有些人會因為世俗的物質財產終日奔忙，也有些人徹底不願意如此勞勞碌碌。或許我們都不想承認，但我們終究是他人眼光下的奴隸，行為思考都受制於此。

為什麼人們渴望新機會？

現在你知道為什麼改進版本的提案無效了。接下來我想讓你知道為什麼新機會確實有效。

新發現：人們第一次發現你提供的新機會時，他們會想與人分享，因為這可以快速提升他們的地位。你只要想想什麼樣的影片在 YouTube 或臉書會爆紅就知道了。幕後拍攝的過程到底如何？我有些機會與拍攝網紅影片的團隊共事，他們發現又酷又新的影片才會爆紅，因為大家都想成為朋友群中率先轉貼的人。新發現可以帶來立即的地位提升。

沒有斷裂的痛苦：因為人們不需要承認過去犯下的錯誤，也因此不必承擔與現狀斷裂的痛苦。他們只要向前看，並且擁抱新機會即可。沒有斷裂的痛苦＝地位不會降低。改進版本的提案必須跨過

不愉快的經驗門檻才能成交；而新提案與新機會，得以直接無痛成交。

夢想替代品：人們想要改變，卻害怕行動，最大的原因就是來自對失敗的恐懼。如果他們改變了卻無效，等同於夢想落空。因此他們可能寧可放棄潛在的成功，以避免夢想落空。在《箴言》第 29 章 18 節中，我們了解到「沒有夢想，百姓就滅亡」。若你提供新機會，就等同於給人們前進的夢想。

更翠綠的牧場：我們都聽過一句老話，「隔壁的牧場更翠綠。」沒錯吧？與其試圖讓人們相信他們的牧場夠翠綠，或是協助改善他們的牧場，不如讓這些人跟隨你去新的牧場。這也是他們期望的。不要再試圖讓現有方案更好，請專注於新的、讓人興奮的新點子，讓受到啟發的人們跟隨你的腳步。

你如何創造新機會？

我希望你已經明瞭創造新機會的重要性，不過很多人還是會在此卡關。要如何創造新機會呢？如果你已經開始銷售自己的產品，要如何將它定位為新機會，並開創自己的運動？

步驟一：你的夢幻顧客想達到什麼成果？

第一步就是檢視夢幻顧客的期望目標。我會先檢視三個主要市

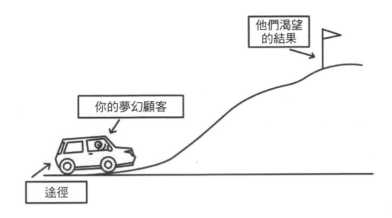

圖 4.7　創造新機會很簡單，就是提供夢幻顧客達到目標的新方法。

場或渴望，然後問我自己：「他們想要健康、財富或好的人際關係？」他們最期待的結果是什麼？他們想要減重、賺錢，還是建立／修復人際關係嗎？如果我能坐下和夢幻顧客好好談一談，我肯定會問他們：

「如果我和你三年後碰面了，當你回首這三年時光，你希望在個人生活或工作生涯裡有什麼樣的進步，能讓你感到開心呢？」

這提問來自《丹沙利文的問題》（*The Dan Sullivan Question*），很快就能打中消費者真正渴望的重點。[24] 要創造屬於你的新機會，必須先徹底了解你的夢幻顧客內心的極致渴望是什麼。

練習

和你的夢幻顧客談談，並且了解他們最渴望的目標。

步驟二：夢幻顧客目前用來達到渴望結果的「途徑」為何？

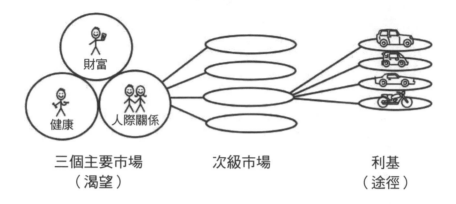

三個主要市場　　　　次級市場　　　　利基
（渴望）　　　　　　　　　　　　（途徑）

圖 4.8　為了達到目標，你的夢幻顧客已嘗試過其他途徑（利基），卻一再失敗。

現在你知道他們想要什麼了，接下來必須知道他們目前使用的「途徑」。事實就是，他們要達到成功目標，你很難成為被選擇的第一個解決方案。為了解決自己的難題，他們應該早已試過無數方案。

如果他們想要減重，並找上了你，我相信他們應該不是第一次嘗試要解決問題了。「淑女總裁」部落格強調，平均而言，女性一年嘗試五次減重飲食計畫，但仍然無法成功。[25]

如果你想要獲取額外收入，你可能會試著在 eBay、Craiglist、Shopify 或亞馬遜賣東西，卻不得其法。你的目標渴望一直沒變，只是使用的方法總是無法讓你達到期望結果。

對人際關係或其他市場而言也是如此。消費者知道自己想要的是什麼，並且想方設法，卻宣告失敗。他們來找你，不是因為他們沒有在嘗試；而是因為他們目前使用的途徑無效，無法帶他們抵達終點。

練習

寫下夢幻顧客目前為了達到最渴望的目的，使用過的所有（失敗）途徑。

步驟三：機會轉換（Opportunity Switch）

現在，如果你檢視了他們的途徑並企圖改善，那就大錯特錯了，要想讓方法更好或更優良，都是代表提供改進版本方案。如果

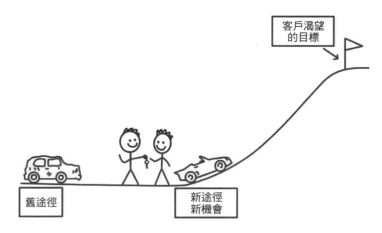

圖4.9　與其改進夢幻顧客現在使用的途徑（提供改進版本方案），不如提供全新的途徑（創造新的機會），幫助他們實踐渴望的目標。

現有的工具無法達到成功，那代表他們不想要改進版本的提案。他們想要新的選擇。

我透過銷售漏斗為消費者提供新機會時，檢視了他們增加銷售的工具，方法確實不少。以下是我們的夢幻顧客所嘗試過、與本公司有相似利基的方法：

- 網站
- Email 自動回應器（Email autoresponder）
- 訊息自動回應器（Text message autoresponder）
- 行銷自動化
- 客戶關係管理
- 登陸頁

我並沒有提供客戶更好的網站。相反的，我跟他們說：「網站已死。」我向顧客解釋，網站是一個相當破碎的概念，並向他們證明架構網站會花費多少成本，而能取得的回報是多麼微小。我拿石頭丟向他們的途徑、以及他們企圖讓公司茁壯所嘗試的老方法，接著告訴他們，這不是他們的錯，他們只是被其他人誤導了。我將提供一個「機會轉換」，把老途徑排除在外，讓他們來擁抱我提供的新機會，也就是銷售漏斗。

機會轉換讓消費者得以遠離目前所面對的痛苦，並且讓他們期望可以透過新的途徑，抵達新的未來。

很多時候，消費者從一個利基轉移到新利基（品類）時，新機

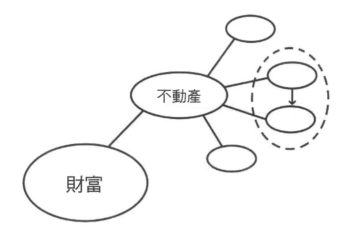

圖 4.10　將消費者從一利基移往另一利基時，就創造出新機會了。

會就跟著出現了，這就是你在機密 #3 所進行的工作。

　　有時候，也可能透過從次級市場的轉換，得到新的機會。舉例來說，或許可以讓消費者從不動產獲利，轉移到以網路行銷獲利。

　　如果你觀察我為事業所做的初期工作（價值階梯的前端），就會發現全都與機會轉換有關：我寫的書、和團隊製作的影片、我開啟的網路研討會、發布的 Podcast 等。我在市場裡投入的初期機會，都企圖將消費者從舊有的途徑移往我提供的新途徑，也就是充滿吸引力的銷售漏斗。這就是我提供的新機會。

　　我們所創造的初期漏斗，雖然利潤不高，但已足夠讓我們在這個對銷售漏斗相當陌生的次級市場裡「釣魚」，而這也是我的事業可以快速成長的主要原因之一。我們所提供的初期方案，讓不同領域的企業主能夠用漏斗刺激公司成長。以下讓我列舉幾個實際例子

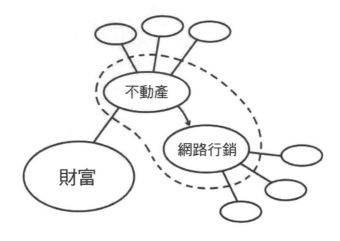

圖 4.11　為夢幻顧客進行次級市場轉移時，可以為他們創造新的機會。

作為參考：

- BrickandMortarFunnels.com：此漏斗讓社區服務性公司理解，為什麼他們需要漏斗。
- ExpertSecrets.com：此網站讓專業人士理解，他們需要漏斗的理由。
- ECommFunnelSecrets.com：讓那些使用亞馬遜、Shoptify 或 Etsy 的人明白，漏斗對他們也有效。
- NetworkMarketingSecrets.com：幫助網路行銷與多層次營銷人士了解，漏斗能如何創造名單磁鐵。
- FreelancerSecrets.com：向自由接案者展示，他們可以透過為客戶建構漏斗，增加額外收入。

這過程中，我們持續加入更多前端服務提案，攻占市場的新利基。如果你希望公司能夠茁壯，終究你還是必須擴大服務範圍，除了較熟悉的利基流量外，你必須創造前端漏斗吸引（加溫）較為冷淡的次級市場。

當你創造自己的廣告、名單磁鐵、前端漏斗時，請以機會轉換的角度定位以上動作，你必須鼓勵消費者拋棄老舊途徑，並接受你的新機會，而這將為一切帶來改變。

步驟四：機會堆疊（Opportunity Stack）

所有的商業領域都存有一個機會轉換，也**只會有一個**。在進入業界的頭幾年，我很擅長創造新的提案，而每個提案都是一個機會轉換。一開始運轉得不錯。我推廣一個方案，並向消費者展示新機會，我的團隊因而能銷售掉無數的產品。接著數個月以後，我又推動一個全新的機會。此時，消費者多半會感到很困惑，因為不久前我才說服他們購買新機會，宣稱這是切片麵包後最不可或缺的發明，但才過沒多久，我又開始提議新的產品了。許多人都不願意嘗試我的第二個新機會，他們更不會曉得，我早已偷偷開始進行該年將推出的第三個新機會。

雖然工作進展得不錯，我也得到豐厚利潤，但是每推出一個新機會，我的夢幻顧客對我的信任就失去一點。隨著每個行銷方案的過去，我的客戶反應變得越來越冷淡，直到最後我的事業幾乎慘敗。

現在，我相信有些讀者會認為，這個例子根本就是前面所提的價值階梯的悖論。**我以為我應該要先擁有客戶，接著創造新機會，**

將機會銷售給對方，並提供價值。的確沒錯，這是你該做的，我也以為我該如此。

一直到我開始推廣 ClickFunnels 時，我才意識到自己的錯誤。在我們投入推廣 ClickFunnels 幾個月後，我的生意夥伴陶德‧狄克森對我說，他很擔心在自己投入全部心力發展軟體後，我會在短短數個月內又轉換目標，轉為行銷其他產品。他問我是否願意承諾將漏斗作為唯一行銷的產品，為期至少一年？當時我很緊張，因為我還有無數個想推廣的點子，但是我知道這不僅是他應得的，也能讓我們的小團隊保持專注，因此我答應了。

所以在接下來的十二個月裡，我只談漏斗。我召集網路研討會，並向人們介紹新概念：漏斗。我推出《網路行銷究極攻略》（*DotCom Secrets*），讓人們知道這個新機會。我用盡所有努力讓人們從舊途徑轉換到我所提供的新機會、新途徑：漏斗。

大約在此時期，我們在拉斯維加斯推出了首屆漏斗駭客大會。當時參與會員約六百名。在企劃階段，我們就知道必須為與會群眾提出新的提案。因為這是我們的使用者記者會，我知道所有人都擁有 ClickFunnels 軟體，也買了我們的方案 Kool-Aid。我試著構思還能推出什麼新機會給與會者，但不管我怎麼想，團隊成員都認為那將讓與會者轉移目光，而他們真正的目光所在應當是漏斗。

在活動數週前的某個晚上，我突然理解到，我根本無需為與會者提供任何全新的機會。因為那會讓人感到疑惑，並且對我失去信任。相反的，我必須在他們轉換的新機會中創造出機會堆疊！由於他們相信自從切片麵包以來，銷售漏斗是最棒的第二個發明（真

的），那麼我該在這個新機會中創造什麼樣的機會堆疊呢？

當我開始用「機會堆疊」的角度思考問題後，很快就找到答案了。他們本來就對漏斗抱持信心，因此我們應該建立漏斗證書計畫，並讓他們開始以創建漏斗的身分，為他人提供服務！這不是新機會，這是提升現存機會等級的方法。

因此，我們開始進行證書計畫，並打算在首屆漏斗駭客大會的舞台上正式登場。我的目標是至少有五十人報名該計畫，而在我宣布價格時，超過一百五十名會員跑到後台，並排隊購買計畫！在我的演講生涯中從未見過如此的排隊熱潮。

此時，我終於了解到在價值階梯內提供其他方案的道理。這些方案無須成為消費者的新機會，而是將消費者已經相信的新機會，往上提高一個層次，並提供消費者更完善的服務。

因此在 ClickFunnels 的價值階梯內，不管是廣告、名單磁鐵、出版與網路研討會，目的都在於讓消費者轉向我們的新機會（漏斗）。當他們來了以後，我們再發明其他方式包裝漏斗，並協助顧客達到期望目標。我們在價值階梯內提供的機會堆疊包括：

- **ClickFunnels**：建造漏斗的軟體（ClickFunnels.com）
- **挑戰一個按鍵的距離**：三十天的挑戰計畫，協助你創造自己的第一個或下一個漏斗（OneFunnelAway.com）
- **漏斗腳本**：可協助顧客在漏斗中進行文案撰寫的軟體（FunnelScripts.com）
- **漏斗駭客大會**：結合現場訓練與網路連結的活動，幫助你運

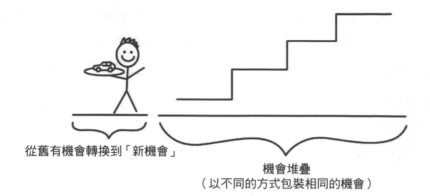

從舊有機會轉換到「新機會」

機會堆疊
（以不同的方式包裝相同的機會）

圖 4.12　你應該只提供一個機會轉換（新機會），但以多種方式包裝這個機會。

用漏斗在自己的事業裡獲得成功（FunnelHackingLive.com）

- **漏斗代理機密**：教你如何成立自己的代理公司，為其他企業主提供銷售漏斗的課程（FunnelAgencySecrets.com）

- **漏斗修正**：協助你成為漏斗建造專家的會員制網站（FunnelFix.com）

- **漏斗大學**：發布每月電子快報，介紹暢銷漏斗背後的工作流程（FunnelU.com）

- **ClickFunnels 合作社**：引導你成長與評估個人漏斗的教練計畫（ClickFunnelsCollective.com）

- **流量機密**：教你如何讓更多消費者進入漏斗的書（TrafficSecrets.com）

你應該了解上述所有的方案都不是新機會吧？漏斗仍舊是繼切片麵包後最偉大的發明，但現在我以不同的方式協助你將漏斗結合到你的公司或事業中。

　　如果我經營的是健身公司，當我讓消費者進行機會轉換後，不管我提供的新機會是什麼，都能利用機會堆疊銷售補給品、教練服務、飲食計畫等，這些都能讓擁有新機會的消費者得到更多支援。

　　每個領域都適用這套道理，先了解夢幻顧客渴望的結果是什麼，以及你提供他們的新機會是什麼，接著以不同方式包裝這個新機會，協助顧客得到最好的成果。

用同樣架構獲得更多利潤

MORE MONEY FOR THE SAME FRAMEWORK

　　「天阿，我應該買些輕鬆的衣服，我看起來太蠢了。」我內心這麼想。我穿著襯衫領帶參與了人生第一次的商業論壇。我以為這是商業人士的穿著，結果現場只有我顯得如此突兀。其他的網路創業者穿著牛仔褲和 T-Shirts，看起來形形色色、非常自在。這讓我更緊張，因為我的個性向來內向，並開始暗自祈禱等等聊天時，自己看起來不要太蠢，但是我根本太緊張了，哪有辦法和別人攀談？

　　直到聽眾終於入座，燈光暗下來，我總算感到如釋重負，心想這樣就沒有人會注意到我，我們正等著第一位講者上台。我不記得他那天說什麼了，但我寫下一本從未聽過、但他一再提起的書：《思考致富》（*Think and Grow Rich*）。

　　整場活動中，不少講者都提到了《思考致富》，因此當晚回到旅館房間後，我做的第一件事就是在亞馬遜網站花了 9.97 美元買

了一本。不到一週後，書就到家了。我把包裝打開抽出書來，翻了幾頁，我知道致富的祕訣就在書裡！

每天晚上睡前我都會看到那本書，並想著「明天」我一定會開始讀。一天又過了一天，接著過了一個月、六個月。我每天都有點罪惡感，畢竟我知道能夠解決問題的答案就在書內。我只需要翻開書本、開始閱讀而已。

六個月後，我參加了第二次的商業論壇。這次我穿了牛仔褲與輕便的上衣，感覺舒服多了。我坐在房間內，希望得到致富的祕訣，但在短短一小時的第一個演講中，《思考致富》這本書又被提起了。罪惡感在我內心翻滾，畢竟那本書已經在我床頭待了半年之久，而我竟然一頁都還沒開始讀。

「如果我根本不願意參考那些致富建議，何必大老遠飛來參加商業論壇呢？」我在心中如此自問。那天晚上，我又聽見無數次講者提起《思考致富》一書，因此我知道自己得找個更好的方法讀它。我上網搜尋《思考致富》，不過，這次有別的結果出現了！那就是《思考致富》的 CD！（沒錯，此時還不流行有聲書，所以我非常興奮。）我點選了那則廣告，並被導轉到 eBay 頁面，購買十片 CD 套裝的《思考致富》，售價為 97 美元。我太興奮，立刻下單，等我回家後，CD 也已經到貨了。我終於開始在通勤時聆聽《思考致富》，從上次論壇活動後不到一週，我已經「讀」完整本書了。

我之所以分享這個故事，背後有著很重要的道理。人們喜歡花錢購買不同包裝、但是內容（或架構）相同的東西。請試著想一

下：《思考致富》的有聲書和紙本書有差別嗎？答案：沒有。它們完全相同，每字每句都一樣，那麼為什麼我願意花十倍的價錢購買一樣的內容物？理由是，有聲書遠比紙本書更好閱讀，因此我願意花錢購買更好的消費體驗。

了解「資訊產品」如何讓企業茁壯

在本段落，你將學會如何創造資訊產品，例如書、課程、研討會、大師班、教育課程等。而在非傳統「專家」領域（作者、講者、教練與顧問）的人，別擔心，這套方法也對你有用。

創造新機會的其中一個機密就是，**即便你的產品並非為新機會，但你的架構本身可以是新機會**。ClickFunnels 本身只是個複製、貼上的網站建構平台，它本身並非新機會，然而它是個改良版本的方案（架網站的輕鬆方法）。當我們介紹自己的漏斗架構時，「架構」本身是新機會，而軟體是簡化這個新機會的工具。

大多數的讀者都還沒有真正的新機會。你目前正在販售的，或許是更好的老鼠夾，但那只是個改進版提案。這也就是為什麼依據手中方案提出新架構相當重要。在本段落中，我將要教授你「把架構轉化為資訊產品」的方法。對部分讀者來說，或許這看起來會有點怪異，但是這有助於未來讓你的銷售工作如虎添翼。一旦你開始在獨特的架構內，包裝自己的產品，幾件驚喜的結果將伴隨而來：

- 原本複雜的銷售變容易了。因為資訊產品能讓潛在顧客了

解，為什麼他們需要你的產品或服務。

- 你會被定位為專家，而非產品。而且消費者願意付給你更多的錢，因為他們無法從其他地方得到相同的服務。其他選項將變得不重要，抵抗價格的壓力將會消失，未來的銷售將會更為簡單。
- 你將可以免費獲得無限的客戶，因此所有的後端銷售都可以帶來百分之百的利潤。
- 你會成長得更快速。

　　在我們更深入以前，我想先讓你了解，專家有兩種不同形式。其背後戰術相同，但策略不同。待我解釋後，你可以試著了解自己適合哪種。

專家類型一：銷售資訊產品

　　第一種的專家類型應該是你比較熟悉的。你可以將所學的架構，包裝成資訊產品、顧問與諮詢服務。對我來說，販賣資訊產品的專家，應該是全世界最好的新創選擇。你不需要風險投資或新創資本，只需要對你所教的內容充滿熱情，並願意學習以動人的方式講故事就好了。

專家類型二：將資訊產品當作槓桿的燃料

　　如果你的公司所賣的是實體產品或服務，那就更棒了，因為你可以將資訊產品當作燃料，並讓公司快速茁壯。如你所知，我的公

圖 5.1　你不用花費新創公司成本，就能開始販賣資訊產品。只要你對教授的課程有熱情，以及用故事感動人心的能力。

司為軟體公司，但是我們運用資訊產品讓公司快速成長。我的作法是，先專注販賣自己的架構，然後讓人們開始渴望我們公司提供的核心產品。

　　我們使用資訊產品免費獲得客戶〔運用你在《網路行銷究極攻略》所學的盈虧平損漏斗（break-even funnel）〕，還將資訊產品與軟體綁在一起販售，以提高服務的感知價值。在第一年，我們有超過一萬名消費者購買 1,000 美元的課程學習如何使用漏斗，在其購買的課程中，還附加了軟體的免費試用。在後面，我們會深入討論「堆疊投影片」（Stack Slide），以及你如何創造服務。不過也請明白，從你的架構所延伸出的資訊產品，正是創造新機會與新方案的關鍵祕訣，消費者將難以抵抗。

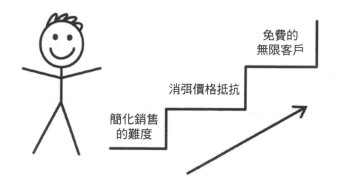

圖 5.2　你可以利用資訊產品，讓消費者對你所提供的商品與服務產生渴望。運用資訊產品免費得到新的顧客，也能任意調整推廣規模。

架構　　　工具

圖 5.3　你的架構也能轉變為資訊或工具。

步驟一：如何為你的架構增加價值

　　現在你了解，當你改變消費者體驗，並改變架構的包裝時，你也為該架構提升了價值。接下來，我想要向你說明，如何在價值階

梯的每一步重新包裝架構。

最簡單的方式就是增加架構的感知價值，這點可以透過改變消費者體驗簡單達成。我們要做的只是改變形式而已。

- 文字→錄音
- 錄音→錄影
- 錄影→現場體驗

這種形式轉換的成效，我每天都在自己的產品上見證。有消費者會買我的書，然後又在漏斗的追加銷售購買有聲書。接下來，也有些人會購買在家自學的線上教學課程去學習書中的架構，以及更細緻的細節。隨後，他們可能還會來上工作坊或論壇，以實際的方式學習如何運用架構。在整個過程中這些架構都是相同的，但是我們在不同階段提供不同的價值。

另一個增加架構價值的方法，則是改變執行架構的方法。架構執行的方法有三種：

1. 自己做（給消費者架構，讓他們自己執行）
2. 和你一起做（你親自和他們一起執行架構）
3. 客製化（你為他們執行架構）

通常在我的價值階梯下方，我會讓消費者購買架構，由他們自己學習並執行。當他們往價值階梯上方移動，我傾向與他們一起工

作、甚至幫他們執行。

雖然包裝架構的方法有上萬種，但是我將分享各領域專家最常使用的八種方法。

策略一：前端漏斗內容（免費）

你的架構步驟可以很好地作為廣告鉤子，把人們拉進你的漏斗。通常你只需要發個貼文，他們就上鉤了。最常使用這種手法的就是 IG 名人湯姆與麗莎・比利烏（Tom & Lisa Bilyeu）。我們來看看他們在 IG 動態上所貼的幾個架構。

你也可以在 YouTube、Podcast、部落格等更多地方，將自己的架構包裝成前端漏斗內容傳遞給消費者。

圖 5.4　創造廣告或社交媒體貼文時，你可以運用你的架構當鉤子。[26]

策略二：名單磁鐵（免費）

利用你的架構作為名單磁鐵。通常我會錄製二到二十分鐘架構教學影片，然後把影片當作名單磁鐵，若有顧客提供 email 信箱時就寄給他們。

完美的網路研討會
這套網路研討會腳本讓我
收 入 百 萬

請輸入你的 email 信箱，即可免費收到我的完美網路研討會腳本！

| Enter Your Name 👤 | Enter Your Best Email ✉ | ☑ GET ACCESS NOW |

圖 5.5　你可以用很短的影片進行架構教學，並以此作為名單磁鐵，取得消費者的 email。

策略三：書（免費＋運費）

深化架構並出版成書。以本書為例，我在一個大架構裡面外掛了許多小架構。但是，出版的壞處是難度高，而且不賺錢。不過出

版帶來的感知價值與能力，會讓你被定位為市場的專家，這也是包裝架構最好的方式。

策略四：會員制網站（每月 10 至 100 美元）

會員制網站通常可以將多種學習模組融合在一起。網站可以包含文字、錄音檔、教學影片，以及讓會員創造網路的線上社群（即時體驗）。會員制網站比網路教學課程更好的原因在於，前者可以按月收費，並讓你可以慢慢地釋出關於架構的細節，而非一次傾囊而出。

策略五：線上課程（100 至 1,000 美元）

線上課程和會員制網站很相近，因為線上課程也可以利用多種學習模式。而最大的差別在於收費與發布方式。課程內容通常是有限的，即便你很緩慢地上傳課程內容，也總有結束的一天。但是會員制網站則可以持續收費。

策略六：論壇研討會或工作坊（500 至 5,000 美元）

這是你開始讓架構離開網路的第一步。我所說的工作坊是把教授架構時間拉長的多日活動，這種活動通常規模較小、也比較有互動的親密感。我的漏斗駭客松活動通常都是工作坊，大概會花三天進行網路研討會與行銷的架構教學，授課對象人數約一百名。論壇往往有多位講師參與，以自己的架構討論論壇主題。我們盛大的漏斗駭客大會約有五千名參與者，並由不同的講者上台傳授自己的架構。

策略七：大師班（1 萬至 10 萬美元）

大師班通常為小班課程，其目標往往不在於進行新架構的教學，而是專注於學員們已知的架構上。我的核心圈大師班計畫有三十名成員，每個成員都有機會上台報告自己的公司狀況。若他們在實踐自己的架構時遇到困難，其他同學可以提供協助。

策略八：一對一（1 萬美元以上）

這通常是架構應用中的最高等級，人們付錢給你提供一對一的服務，或是請你個別指導他們如何應用你的架構過程。這個階段無

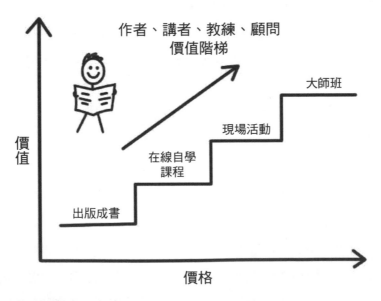

圖 5.6　架構維持不變的情況下，你可以藉由不同價值的呈現方式，收取不同費用。

法透過槓桿執行，你賺的每分錢都來自一點一滴投入的時間，這也是為什麼一對一教學收費如此昂貴。

你是否有注意到，即使在不同包裝下，同樣架構的價值或許有所變化，但是並非代表每階段都有新的架構產生。你所改變的是人們的消費體驗、架構的實踐，而每階段服務所代表的價值也不斷提升。如果你仔細檢視其他人的價值階梯，他們也只是簡單地轉換架構呈現的方式而已。

步驟二：如何將你的架構轉為工具，創造更多價值

十九世紀舊金山淘金熱時，當地商店老闆山姆‧布拉南（Sam Brannan）想到了在此浪潮中變現的方式。他在買下了附近區域所有的鏟子、錘子、鍋子並叫賣，「美國河裡頭有黃金！」他用 20 美分買入鍋子，再以 15 美元賣掉。[27]

當身邊的人都在淘黃金時，山姆‧布拉南成為舊金山的首位百萬富豪，而他所提供的只是人們取得黃金的工具。

這故事有很多意義。如果你透過《專家機密》所提供的觀點思考山姆的故事，你會發現他的夢幻顧客，也就是「陷入淘金狂熱」的人，目標只有一個，就是找到黃金。山姆為找到黃金提供了架構。

第一步：美國河裡頭有黃金。

第二步：你需要工具淘洗黃金（鏟子、錘子、鍋子）。

第三步：你唯一能買到工具的地方就是我的商店。

他致富的方法就是提供此架構，並賣給他們工具，以便達到期望目標。

我的事業也沒有太大差別。我所承諾消費者的，就是他們可以透過銷售漏斗為公司帶來成長。我整合了所有架構，並教他們如何達到期望目標（有些架構免費提供，有些則透過出版物、課程、活動販售）。接著我提供軟體（或工具）幫助顧客化繁為簡，對架構運用更好上手。

開創「淑女總裁」的布萊登與凱琳・寶林販賣減重相關的架構，但是他們也販售工具（補給品、教練課程、飲食、衣服），提供夢幻顧客實踐成功的捷徑。

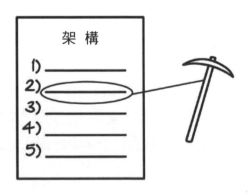

圖 5.7　為你的架構提供現成工具，替顧客創造成功的捷徑。

如果你能為顧客提供簡單的途徑，就可以為公司帶來收益，兩者將成強烈的正比。架構正是簡化目標途徑的方法，這也是顧客付錢給你的原因。而不管是軟體、輔助產品、實體產品或服務，都是讓你的架構更加簡化的方法。

當你檢視自己的架構時，我希望你能開始檢視個別部分，並思考有哪些工具可以帶來簡化。例如，我試著為自己的架構創造工具時，往往會觀察以下幾項部分：

軟體

你能為自己的架構創造的最佳工具就是軟體。軟體的感知價值相當高，而建構的價格卻可能相當便宜（取決於複雜度）。我第一個創造的產品，不是我的馬鈴薯槍 DVD，而是叫做拉鍊品牌工具（Zip Brander）的軟體。我想出軟體的概念，在紙上畫下草圖，雇用一名住在羅馬尼亞的男子，並只花了 120 美元請他設計出軟體。他拿走草圖後隨即進行軟體作業，幾天後我就有商品可以上架了。

ClickFunnels，是我對於建立漏斗與後續銷售漏斗的最佳表現方式。漏斗腳本（Funnel Scripts）是我們為了讓《網路行銷究極攻略》和本書中的銷售腳本更加簡單而創建的軟體，你只要填寫空白處，軟體就會替你完成任何行銷文案。

如果你創造了自己的軟體，有任何部分的架構可以自動化嗎？你不必一開始就擁有類似 ClickFunnels 的超級點子。從比較小規模的著手、花幾百塊美元就能完成的軟體點子，並從這裡起步。

輔助產品

這或許無法適用於所有的領域，不過補給品絕對是想達到成功目標的「簡單手段」。如果你的架構內有任何步驟可以透過輔助產品加快速度，這可能將會是讓你的架構最快增值的方法。

實體產品

許多在我們的社群剛開始起步的人都有實體產品，他們就是以此產品為軸心，發展一系列以結果為導向的架構。舉例來說，如果你賣的是緊急照明燈，你可以發展整套關於災難求生的架構，而照明燈就是作為實踐架構的輔助工具。

或者反過來，你也可以先檢查目前架構，再看能否發展出相應的實體產品，讓架構的應用更簡單。我遇過很多資訊型公司會發展相關手冊刊物，讓架構的使用更順暢。如果你購買本書的套裝系列（可上 SecretTrilogy.com 購買），就能免費得到《解讀機密》（*Unlock the Secrets*）手冊。我們發展此工具讓消費者可以更簡單地運用我在三本書所講的架構，這也讓套裝產品再次增值。

副產品

如果你已經使用自己的架構一段時間，你認為有可能發展任何副產品，讓夢幻顧客用得更順手嗎？舉例來說，當我們在手機上銷售高價產品時，我們必須寫好一套給行銷人員的腳本文案、給團隊訓練用的訓練影片，並透過律師與工作人員和消費者簽合約。上述

步驟都等同於是使用架構的副產品。日後我們開始販售「高價機密」（High Ticket Secrets）教練課程時，我們賣的是架構（訓練），不過我們也可以將產品包裝成涵蓋所有副產品的組合。當顧客購買課程時，他們可以得到行銷文案的腳本、工作人員培訓課程以及我們付費使用的合約。這些都將成為課程配套的增值部分。

我的一位核心圈成員利茲‧班妮（Liz Benny）為想成為社交媒體管理者的人提供大師課。她免費提供合約給學員們，這樣學生就不用付出高額律師費，也不用自己草擬合約。雖然學生絕對有能力草擬合約，利茲也可以在課程中教授合約撰寫，但是如果提供學員免費合約，絕對是更增值的方法。

基本上，她是販賣自己事業所衍生而出的副產品。她早已為公司寫好合約，因此要提供其他學員提供合約，根本不需要額外成本。那麼你可以提供什麼副產品給顧客呢？

人們喜歡讓核心應用更簡單化的工具。腳本、模板、重點整理、工作清單、時間軸與行程表，都是你可以創造的增值工具。

資訊產品／服務

所有的工具都可以為服務增值，也能帶領消費者往價值階梯上方移動。以技術面來說，所有先前提過的資訊產品都是工具。會員制網站可以是工具。研討會活動或教練課程也是讓你更輕鬆應用架構的工具。在價值階梯的頂端，你提供的服務必須幫助消費者能確實應用這套架構。

請記得，你讓夢幻顧客完成目標的難度越輕鬆，那麼你可以收取的費用就越高，兩者成正比關係。創造客製化工具讓消費者更快速達到目的，也是讓他們更快成功的方法。在下一步驟裡，我們要將你的產品、架構與工具包裝成單一提案，如此一來你的夢幻顧客將沒有任何拒絕的可能。

步驟三：用堆疊投影片將架構變為提案

接下來的步驟是將所有的想法包裝成可以販售的商品。在《網路行銷究極攻略》裡，我曾經提過一個核心架構：「誘餌、故事、提案」。我們提過為你的企業去商品化（de-commoditize）的重要性，你不能像其他公司一樣只是賣產品，而是要提高產品的獨特性，並成為實際的提案。

以最簡單方式創造提案的原因有：

• 提升販售產品的感知價值
• 讓商品更獨特，並且只以特別方案提供

要以最簡單的方式讓產品成為方案、增加方案的感知價值，以及成為全新的機會，就是再次包裝根基於架構內的產品或服務。在此階段，我們要讓正在創造或販賣的產品更有形，你才能知道如何包裝架構，以及必須提供何種工具讓架構得以成功。

我們可用「堆疊投影片」工具，融入每一個說故事的腳本，後

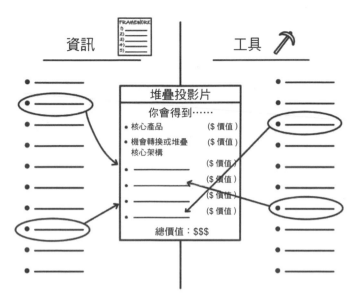

圖 5.8　要增加提案的價值，必須包含資訊架構與工具，提供你的消費者成功的捷徑。

面將在本書的第二部分、第三部分與第四部分進一步介紹。這是此書最重要的基礎。要創造新提案時，我的第一件事就是聚焦在堆疊投影片上。

　　在我的堆疊投影片裡，第一個項目是我的核心產品，第二個項目則是我提供給消費者的「機會轉換」或「機會堆疊」核心架構。

　　ClickFunnels 案例分享：當我開始賣 ClickFunnels 時，核心產品就是 ClickFunnels 軟體，而我的機會轉換之核心架構是「建構漏斗機密」的網路課程。這就是我的包裝策略，幫助人們學習這套方

法，並且根據架構的提供方式，改變服務價格：

- 9,997 美元：在我的辦公室參加兩日現場活動
- 1,997 美元：網路課程
- 97 美元：小型課程或錄音課程

實體產品或服務：如果你販賣的是實體產品或服務，那麼它們就是你的核心產品，因此你可以依據方案價格，改變架構教學的方法。

資訊產品或活動：如果你販賣的是課程或活動，那麼你的核心產品與核心架構可能會相同。

接下來，我會思考是否有其他項目可以加入堆疊內，以再次提高感知價值。大多數時候，我會與團隊一起發想，我們會坐在白板前討論數小時，並思考有什麼潛在可能。最後，我們會決定好消費者購買後會得到的品項，並將它們加入到堆疊投影片內。

通常我會從白板左手邊開始，一起發想潛在的資訊產品。

- 文字：我們應該寫書或電子書嗎？
- 錄音：我們應該製作錄音節目嗎？
- 影片：我們該架會員制網站嗎？還是線上課程更好？
- 現場體驗：我們應該辦論壇、工作坊，還是大師班或一對一

教學更優？

接下來，我們討論各方向的可能。會員制網站看起來會是怎樣？我該以什麼形式錄製？如果我們決定辦活動，地點在哪？我們還有其他可運用方式能讓消費者更了解我們的架構嗎？

普遍來講，我只想在裡面挑出一兩個資訊產品。巨量資訊有可能會降低提案的感知價值，因為那會讓消費者花費太多「心力」。很多時候，我在堆疊內包含的資訊產品只是機會轉換，或是機會堆疊的核心架構而已。

接著我們移到白板右手邊，並開始發想能運用的工具有什麼。因為工具通常能提升感知價值，因此我希望堆疊項目能夠越多越好：

- 我們的軟體能讓架構更簡單嗎？
- 我們可以把輔助產品包裝進此提案內嗎？
- 我們能創造什麼實體產品，增加提案的價值？
- 我們在實踐架構時，是否曾投入時間精力生產出任何副產品？這些成本能轉移到客戶身上嗎？
- 我們還能加入任何資訊產品或服務綁在一起銷售嗎？

在本書的第三部分，你將學習到為什麼有消費者就是不買你的產品，屆時將詳述細節。但是我仍然想先在此預告提醒，因為我希望堆疊內的項目可以破除三項錯誤信念。

錯誤信念 1：我不相信這個途徑（新機會）適合我

當你提供新途徑（新機會）給消費者時，他們會有哪些錯誤信念呢？他們如何相信這適合自己？你能創造什麼有形工具幫助他們改變想法？

我喜歡加入個案研究與實例當作補充教材。如果我的產品與在eBay炒房有關，那我會搜集二、三十個自己或學生實行架構的應用案例，然後統整成案例研究手冊或訓練影片，讓消費者能閱讀或觀賞，確認途徑確實有用，並透過觀察他人實踐，得到更清晰的視野。當人們越相信我提供的新機會，他們就越有可能得到相同的成功。

錯誤信念 2：這途徑適合其他人，但我不認為適合自己

如果他們信任這途徑，那是什麼**原因**讓他們覺得不適用於自己？舉例來說，如果有人在你的測試團體內說，「這好酷，但我不知道怎麼＿＿＿。」或是「我沒辦法＿＿＿。」他們或許相信新的途徑，但是他們不相信自己。因此你必須創造特別的品項，幫助他們改變對自己的錯誤信念。

或許他們認為自己技術不夠強。那麼你能提供什麼方法，讓他們知道如何雇用對的技術人員嗎？或許他們認為自己永遠不可能控制飲食，那你能做些什麼協助他們走過這內在風暴嗎？有時候，這代表某個已然超越大師班的特殊訓練產品。也可能是非常有形的工具或模組，幫助客戶找回自信、相信自己真的做得到。

錯誤信念 3：我認為我會成功，但是外在力量會阻礙我成功

　　這通常是阻礙人取得成果的最後一個錯誤信念。他們相信途徑是對的，也相信自己可以做到，但是有其他外在力量干擾，而難以取得成功。這個阻礙的外在力量可能是較差的經濟狀況、時間不足，或客戶無法直接掌控的其他部分。

　　在我的漏斗駭客提案裡，要增加流量對每個人來說都是極大的外在阻礙力量。他們相信途徑、相信自己，但是他們害怕沒有人會點擊進漏斗。因此，我們做了影片課程告訴他們，如何將流量引導到自己的漏斗內。

　　請以你提供的機會為例，思考有什麼外在力量會阻礙客戶取得成果，接著創造品項幫助消費者消弭或縮減外在阻礙力量。

　　堆疊投影片內的每個品項都有附加價值。目的是為了表明，你所提供的堆疊之附加價值是實際價格的十倍以上。如果你的產品價格是 97 美元，那麼你會希望堆疊投影片呈現的價值至少達 997 美元；如果你的產品價格是 999 美元，呈現價值至少要有 9,997 美元。倘若你的產品價值無法高過價格十倍以上，就應該回頭繼續發想，並找到能包裝架構的其他方式，或是創建新工具，以增加提案價值。

　　要讓你的企業成功，首先必須了解如何創建提案與堆疊投影片，這是最重要的關鍵。這絕對不是一次性的努力。每當你要提出新提案時，都必須再次經歷這一步驟。在你的價值階梯內，每一步都得有新的提案與新的堆疊投影片。

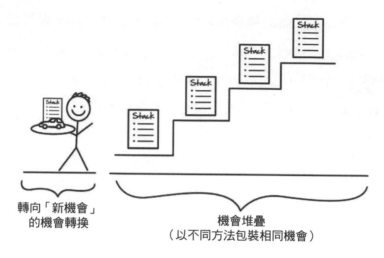

轉向「新機會」
的機會轉換

機會堆疊
（以不同方法包裝相同機會）

圖 5.9　在價值階梯的每一步都有專屬的堆疊投影片，表明該階段的提案。

　　作為一個漏斗駭客，我建議你觀察不同領域的專家如何提出產品方案。觀察他們提案的內容，你就會知道有什麼不同的方式可以用來包裝自己的架構。

奠基於未來的視野
（你的運動）

The Future-Based
Cause
(Your Movement)

奠基於未來的視野

THE FUTURE-BASED CAUSE

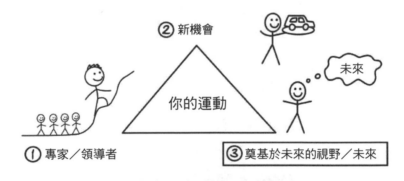

圖 6.1　成為專家的第三步是創造奠基於未來的視野。

　　有好幾百年，人類不相信在四分鐘內能跑完一英里（約 1.6 公里）。他們認為人類極限無法達到如此高速，並可能在高壓下崩潰。許多醫師與科學家都認為這對人體來說非常危險，而且根本超

越人體極限。沒有人能在四分鐘內跑完一英里路。[28]

　　一直到 1954 年 5 月 6 日，在一個寒冷的雨天，六名男性參加了英國牛津伊夫利路（Iffley Road）的比賽。[29] 其中一名選手羅傑‧班尼斯特（Roger Bannister）跑到終點線時，他締造了被視為不可能的成績。比賽廣播傳來：

　　「親愛的先生女士，接下來為第九場的比賽成果，一英里……經過確認，打破世界紀錄，時間總長是三分鐘……」

　　播報聲被現場群眾聲浪淹沒，他們發現這個新的世界紀錄，時間竟然不到四分鐘！班尼斯特的紀錄為 3 分 59 秒 4 ！他打破了眾人的想像，在四分鐘內跑完一英里。

　　該紀錄被打破後，僅維持了四十六天就被約翰‧蘭迪（John Landy）打破。一旦人們意識到這是可能的，就會相信其他人也能做到。從那時起，超過一千四百名跑步者打破了四分鐘內跑完一英里的紀錄。

　　對我來說，另一項相似的紀錄在 2004 年 8 月 17 日被打破，並讓我相信該追求自己的夢想。我在 2002 年開始進行網路商業課程，當時我還是學生，同時也是名摔角選手。我美麗的妻子得想辦法給無業的學生選手丈夫經濟支持，我感到罪惡，因為我也想好好照顧她。但是全美大學體育協會（NCAA）規定我不能有正職工作，因此我轉向網路，並且期望每個月能有 1,000 美元的進帳。如果我的小生意能有這樣的成績，我會對自己感到更多的自信。

　　我花了兩年時間理解網路世界，勉強有一些小收穫，好比我的馬鈴薯槍 DVD，但除此之外沒有太大進展。就在那段時間裡，我

聽說網路行銷專家約翰・里茲（John Reese）準備推出新產品「流量機密」（Traffic Secrets）。我從朋友那聽說他的目標是希望透過此套課程進帳 100 萬美元。我當時沒想那麼多，不過我的確很期待他的課程。

在他推出產品的前幾天，我和家人一起到愛德華州的熊湖（Bear Lake）走走。當我抵達時，湖邊四周沒有任何地方有網路，附近只有一間很迷你的圖書館裡面有速度超慢的撥號連線。我們花了好長的時間才抵達城裡的圖書館，還得排隊才能使用電腦。終於輪到我使用電腦，打開信箱就發現約翰・里茲的信已經寄來了，標題寫著，「我們辦到了！」

我不確定他說的是什麼，於是我打開信件，讀到一個改變了我人生的故事。他說，在那天稍早，2004 年 8 月 17 日，他的課程上線了，並在短短十八小時內賣出一千套，成為在網路公司世界裡第一個在單日內營收破百萬美元的人！[30]他等於是破了網路世界的四分鐘內跑完一英里的紀錄！

我想了又想，發現自己設定「一個月賺進 1,000 美元」的目標實在太迷你了。接著，我了解到約翰・里茲必須賣出一千套價值 1,000 美元的課程，才能擁有 100 萬美元的營收。突然之間，一切都變得相當有形且真實，我了解自己該怎麼做了。我想要賺進 100 萬美元。約翰・里茲徹底改變了我的想像，也因為如此，我開始以不同的方式思考與行動。

讀到那封信件後的第一年，我雖然沒賺到 100 萬美元，但也相差不遠。第二年我再次嘗試，依然沒有達標。到了第三年，我終於

做到單年收入突破 100 萬美元的成績了！接著，我開始在單月內收入破百萬美元，我的公司在單日內收入破百萬美元數次！這些都是我從前不敢想像的。這一點也不合理啊。我在學校時從沒人教我這些，但是因為約翰成功教了我一課，我知道我可以做到。

《箴言》第 29 章 18 節提到了「沒有夢想，百姓就滅亡」。作為專家與領導者，我們的任務是幫助客戶想像「什麼是可能發生的」，並帶他們前往更高處、引向他們渴望的地方。創造你的運動的最後一步（在成為專家、並創造新機會後），就是創造奠基於未來的視野。歷史上的所有政治、社會、宗教運動中，魅力領袖都會描繪出一幅對未來的美好畫面，他們想如何創造未來，以及在那個世界的生活將會如何。

賀佛爾在《群眾運動聖經》提到，「對未來的恐懼，讓我們依附並固守現在。而對未來的信念，則引領我們敏銳地感知改變。」若人們懼怕未來，他們往往會停滯不前。若想在自己的領域取得勝利，你必須讓客戶相信更好的未來，如此他們才願意接受你提供的改變。由你勾勒出他們想要的未來，並告訴他們如何可行。

許多人喜歡將信念與個人責任寄託在更遠大的目標上。不管是宗教、政治、工作場域皆然，而你的運動也不例外。人們希望將自己投入在更偉大的信念裡，也因此，你的工作就是創造這種視野。若你想嘗試創造出奠基於未來的視野，以下有幾項關鍵原則。

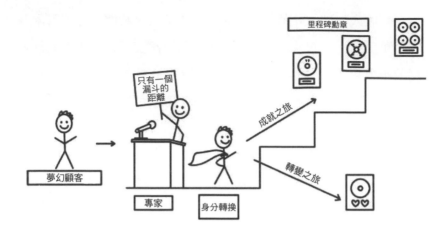

里程碑勳章

只有一個
漏斗的
距離

成就之旅

轉變之旅

夢幻顧客

專家

身分轉換

圖 6.2　作為專家，你必須領導夢幻顧客走上轉變與成就之旅程。

步驟一：開啟「平台」，並成為夢幻顧客達到目標的指引

　　決定要創造你的運動還只是一部分的努力。另外同等重要的工作是讓你的顧客知道，你正是可以領導他們的專家或領導者。當我想開創自己的社群時，網路市場不乏大量噪音、其他的機會，以及各路專家紛紛大張旗鼓地吸引人們的目光，而他們的目標群眾跟我完全一致。我知道如果我想得到客戶的目光，就必須建構平台（platform），並且以專家或領導者的身分「運作」平台，這工作好比為參議員候選人或總統候選人經營選戰辦公室一樣。

　　當我有了為「社群總統」或「漏斗駭客國總統」主持選戰辦公室的想法後，我想研究選戰團隊到底是怎麼經營的。我開始深入研

究美國總統候選人，以及他們所使用的平台。

我發現了一個大多數人都忽視的模式。幾乎所有勝選的候選人，不管是喬治・華盛頓或現任美國總統，他們贏的關鍵就在於提出對未來的想像，而那正好是所有人最想要的未來。幾乎所有勝選者都提出了新機會，而敗選者則提出了改良版本。

年分	敗選：聚焦現狀（改良版提案）	勝選：奠基於未來的視野（新機會）
1980	吉米・卡特：受歷練並可信任的團隊	隆納・雷根：讓美國再次偉大！
1984	華特・孟岱爾：新領導	隆納・雷根：讓太陽在美國再次升起！
1988	鮑勃・杜爾：美國的領導者	老布希：讀我的唇，不加稅
1992	老布希：驕傲的傳統	比爾・柯林頓：該改變美國了
1996	鮑伯・杜爾：更好的總統、更好的美國	比爾・柯林頓：建造通往二十一世紀的道路
2000	艾爾・高爾：新千禧世代的領導者	小布希：有效的改革者
2004	約翰・凱利：更強大的美國	小布希：更有希望的美國
2008	約翰・馬侃：國家優先	歐巴馬：改變，來自信念
2012	米特・羅姆尼：相信美國	歐巴馬：向前看
2016	希拉蕊・柯林頓：「一起更強大」及「與她同行」	川普：讓美國再次偉大！

圖 6.3　所有勝選者的選戰口號都創造了奠基於未來的視野，或提供了新機會。而敗選者的選戰口號則是聚焦現狀的改進版提案。

這不是滿有趣的嗎？勝選者都勾勒出迷人的未來風景，而敗選者卻只看到眼前？不管是更好的領導者、或是讓美國更好等等，這種比較級的語法只等同於提供改進版的提案。

我開始建立自己的 ClickFunnels 社群時,我希望創造出某件事,不但能團結社群會員,也讓他們對於未來與我們的同行感到充滿希望。坦白說,一開始我不知道自己需要這樣做,我是猛然想到的。不過在那頓悟的瞬間,我已經擁有了對未來的絕佳想像,並有把握能以此團結社群。

當時我們準備開啟第三屆漏斗駭客大會,我正在構思行銷頁面的標題。我想起了創業初始讀過蓋瑞・哈爾伯特(Gary Halbert)的故事,他說,「你與財富的距離,只有一封行銷文案。」[31] 我懂,這句話帶給我無比的視野,也為此感到振奮。我不知道我會靠哪份文案或產品致富,不過我認為,只要不斷嘗試,就會找到合適的答案。哈爾伯特帶給我信念,並讓我知道努力的方向是可行的,即便一路上跌跌撞撞,但這份信念帶領我走過事業初期的一切動盪,並保持前行。

回想起了哈爾伯特帶給我曾有的鼓勵,我再度思考行銷點子,並思考什麼樣的方式可以打動社群成員的心,還能帶來同樣的感動。想了一陣子之後,我寫下以下標語:

「你與財富,只有一個漏斗的距離。」

我看了看,卻沒什麼感覺。我知道,有人對漏斗的期望就是帶來金流,但是對很多開創自己公司並使用銷售漏斗的人來說,他們想要的不只是財富,更重要的是改變他們顧客的人生。因此我回到白板前,開始重複寫下不同的標語:

「你與辭職，只有一個漏斗的距離。」

「你與財務自由，只有一個漏斗的距離。」

「你與帶領公司更上一層樓，只有一個漏斗的距離。」

「你與傳遞自己的訊息，只有一個漏斗的距離。」

我越寫，越了解到不管怎麼寫，這都只能打中社群中一小部分的人。因此我決定把句子的前半部刪掉，等待靈感自然地到來。我坐在那至少十到十五分鐘，重新看了白板，並發現了神奇之處。標題是這麼寫的：

「你與_____，只有一個漏斗的距離。」

這就對了！因為漏斗對每個人而言，意義不同，我應該讓社群成員們自由詮釋。他們可以完成自己的句子。如果他們渴望的是辭掉工作，那這就是我提供的未來想像。如果他們渴望的是傳遞自己的訊息、改變他人的世界，那麼我就是提供那個想像的人。

在最後一次漏斗駭客大會時，我說了這個故事，想讓會員理解上述經驗對我有多重要。我談了自己的無數重大失敗，以及在每次失敗中，漏斗如何挽回我的事業。我面臨過破產兩次，但是漏斗都把我救了回來，並重返榮耀。我做過很多錯誤的決定，那可能都會（也應該）摧毀我，不過漏斗拯救了我。我和會員們分享對我而言再真切也不過的例子，並希望這群人也相信漏斗同樣會為他們帶來改變。

現在，當我和觀眾溝通時，我會不斷傳遞同樣一句話。我在影片的最後會說，「記得，你只有一個漏斗的距離！」我的每封電郵結尾都是這句話。這成為活動的主題。對我們的社群來說，這是持續而不變的訊息，並提醒他們，這也是付出信任與希望後所締造出來的視野。

我在本書出版時首次分享此概念，然後看到無數讀者創造了自己的平台，並在自己的運動中贏得信任。我在下頁列出多個絕佳例子，希望在你創造自己的行銷口號或標語時能有所呼應。

練習

為了創造自己的平台，我希望你想像自己是這個運動的總統候選人。請試想怎樣的標語適合你的競選活動。你的選民想要什麼？他們想去哪裡？你該如何用簡單的一句話涵蓋一切，並讓此成為運動標語？

步驟二：讓客戶進行身分轉換

如果有人願意加入你的運動，並且接受你提供的新機會，你可以做的最關鍵的事，就是提供他們身分轉換（identity shift）。他們是否擁有成功的能力，與你所提供的身分轉換息息相關，這比起你能做的其他事都更重要。你必須記得，每個顧客都是活生生的人，你的任務就是一再地將產品賣給他們。如果你失敗了，他們就會回到老方法、老日子甚至更糟，開始追求其他人提供的新機會。我的

專家（群）	運動	標語／口號	意義
雷恩‧李、布萊德‧吉伯、吉姆‧凡萊恩（Ryan D Lee, Brad Gibb, and Jimmy Vreeland）（現金流策略）	我們會證明任何人不限年齡、收入與經驗，都可在十年內達到財務自由。我們擁有清晰的訊息，並且方向明確。只單純賺錢是不夠的。任何無法有益於在十年內達成財務目標的機會或策略都屬無用，並且應當屏棄。	起來！自由地生活。	我們不是想幫助你賺更多錢、選出好股票或讓你的退休帳戶增長。我們要幫助你「獲得自由」，過自己想要的生活。找到自我的目標，並且建立你真正喜愛的生活。
史黛西與保羅‧馬提諾（Stacy & Paul Martino）（關係發展）	我們會證明只要伴侶中的其中一人行動就足以改變關係……任何關係都可以！我們的任務是幫助人們在感情中得到絕不動搖的愛，以及奔放的熱情，但無須進行伴侶諮詢。我們會幫助你改善婚姻、家庭、工作、子女與任何形式的關係！	改變建立關係的方式。	我們一起改變關係建立的方式！當你和我們一起工作時，將會放下要求式家庭關係的枷鎖。當你的小孩四十歲時，不會需要上這門課，因為你已經達成了。你就是他們的最佳典範。
潔美‧克羅斯（Jamie Cross）（MIG 肥皂）	我們提供大自然孕育的體驗，並為身體、心靈與靈魂帶來改變。我們相信美是有原因的，並將從內而外散發出來。因此我們運用產品與工具，為你的肌膚與生活帶來真正的改變。	自然孕育肌膚，肌膚喚醒靈魂。	我們不只讓你擁有更細緻的肌膚。我們還會讓你的精神重新喚醒、豐沛並進化。透過我們的真美麗蛻變體驗，並使用我們的平台，你將「重現自我」，感到美麗、富足並成為真正的女性。

圖 6.4　以上案例展現我們的漏斗駭客如何創造出自己的運動，並運用標語，讓社群擁有一致的想像。

圖 6.5 當你賦予顧客新的身分認同，他們會成為你真正的粉絲。

朋友麥倫‧戈登（Myron Golden）的老話是這麼說的，「重要的是，你必須把他們帶離市場。」

　　如果你不這麼做，他們會受到什麼影響呢？這取決於你的產品性質，可能是健康損失、財物損失、時間損失。請記得傑‧亞博拉罕說的，「如果你真心相信你提供給他人的服務非常有用而有價值，那麼你就有道德義務盡可能地為他們服務。」

　　要讓人消費一次不難，但是要讓他們一再地向你購買（並且維持好感），就必須透過「身分轉換」的力量。詹姆士‧佛瑞爾（James P. Friel）有個關於透過身分轉換達成行為轉換的故事相當精彩，是我的最愛之一。以下就請詹姆士分享這個故事。

鼓手的身分轉換故事（作者：詹姆士‧佛瑞爾）

　　那天我很早就結束工作，人坐在辦公室裡，門半開著，整個人著迷於不到三十公尺遠的大西洋巨浪在眼前奔騰。在那電光石火

間，我發現自己剛剛在短短的五分鐘上網研究後，竟然在網路上買了一套鼓。

我的心一路奔馳，已經幻想到自己有如搖滾巨星般正在打鼓的模樣。我甚至開始覺得自己已經是很酷的傢伙了！

當然，我相信一定很多人都會買鼓。但對我來說，這決定根本毫無邏輯。首先，我的節奏感奇差無比。再來，我人生史上最糟的成績就來自小學六年級的音樂課，課堂上的我試著吹直笛，結果慘不忍睹。直到今天我都還記得那首尖銳刺耳的《瑪麗有隻小綿羊》。我相信老師給我 D，完全是出於同情。

是的，儘管同學的無情嘲笑給我帶來創傷，不過現在的我全心全意地沉醉在這套鼓帶給我的幻想之中。我已經想像自己是個鼓手。打鼓會有多難？如果《大青蛙劇場》（The Muppet）的動物都能打鼓，我應該也可以吧。

我關上筆電，並跑到另一個房間呼喊女友雅拉（Yara），她不知道自己即將成為我的頭號粉絲。

「你一定猜不到剛剛發生了什麼事。真的！我相信你絕對猜不到。」我興奮地說。

她抬了抬眉毛，看起來半是驚訝，半是興奮。

「我現在是鼓手了。」我得意地說。

「什麼意思？你從來沒提過打鼓的事啊。」她問。

「我知道，我跟你一樣不懂。但是，我的鼓禮拜四就會到了。」我說。

這下我引起她的注意了。

「什麼？你買了鼓？」她看起來非常地困惑。

我打起了空氣鼓宣示我的認真。我邊打邊微笑。亞馬遜特級服務真不賴。

我離開房間時，雅拉還在呵呵笑，一副不可置信的樣子。這時候，我已經滿腦子是《今晚夜空中》（In the air tonight）的鼓聲。

接下來的三天裡我魂不守舍地想著那套鼓，等鼓一到手，我就要瘋狂練鼓。鼓終於送來了，我的心早已迫不及待，我一邊拆包裝一邊彷彿聽見了紙箱內傳來菲爾‧柯林斯（Phil Collins）的鼓聲。

等到我拆開箱子後，裡面大約有兩千個零件，我的血壓瞬間升高，突然好像搞懂了這一切是怎麼一回事。坦白說，我根本沒準備好。不過我是不會被嚇到的，我拆開所有零碎包裝，花了一個半小時組裝那套鼓。這就是我一直在等待的時刻。

我坐下來開始打鼓。霹！霹！霹！聽起來很恐怖，根本就沒有真正的鼓聲。我心想，「這是在開玩笑吧！」於是立刻上 Google 查詢，發現我買了鼓，卻沒有買音箱。這絕對是不可能忽視的細節啊。我一邊看 Google 尋找附近的樂器行，同時跑出房門、跳上車，準備帶回一套音箱。

趕往樂器行的路上，我感覺到自己已經毫無耐心。我想著，如果樂器行沒有我要的東西，那不是又得再等上幾天嗎？

我像是枚追熱導彈一樣衝進樂器行，跑到鼓區跟櫃檯的男人哈拉。很棒的是，他人超好，立刻幫我找到了適合的音箱，並開始和我聊器材。

從我的一頭熱開始，我一直都沒想過，**「我到底要怎麼打鼓？」**

因此我問了眼前的新朋友，「嘿，我什麼都買了，但是你覺得要怎麼學打鼓啊？」

「噢，我們這邊剛好有打鼓老師可以上課啊。」他往後方指去。

就在這一瞬間，我的未來打鼓老師葛雷格（Gregg）出現了。他有著一頭稀疏的及肩灰白頭髮，穿了一件黑色的威豹樂隊T-shirt。當下我立刻知道他就是完美老師。

「一點的課剛好取消了。我可以給你一堂免費的課體驗，如果你有空的話。」葛雷格看著我說。

我不敢相信地睜大了眼睛，竟然有這麼幸運的事啊。

「好啊，走吧！」我俐落地回答。

他帶我到練團室。裡面有兩套鼓，一套給老師，一套給我。當他把鼓棒交給我時。我的心臟劇烈地跳動著。這就對了。我準備好要上場了。

葛雷格先向我介紹了搖滾樂的基礎打鼓節奏。蹦！滋！蹦！滋！

「你做做看。」他的眼神看向我。

當我開始要試著做他示範的動作時，我才發現從我和他握手後、再到坐在鼓前，我已經失去了對雙手和雙腳的控制了。這有點像邊摸肚子、邊拍自己的頭，只是困惑感再乘以十倍。

我的鼓速可說是十足的龜速，比三歲小娃拉夾克拉鍊的節奏感還差，聽起來根本不是所謂的鼓聲。這完全不是我幻想的打鼓課。

我開始胃痛並望向葛雷格，臉因為尷尬而漲紅。

「你應該這樣打。」葛雷格再示範一次。蹦！滋！蹦！滋！葛雷格有著泰瑞莎修女般的耐心，看著我繼續用那笨拙的雙手敲打鼓面。

菲爾・柯林斯的鼓聲已經消失在耳際，我開始想起六年級時吹直笛的可怕記憶。我打的一點都不流暢，一點都不像動物樂團（The Animals）啊！

我的臉持續漲紅，「不是我看不懂，只是我沒辦法打出來啊！」

我討厭這樣說話。

葛雷格笑著望向我，「這需要一點耐心，只要你多練習，應該就辦得到。」

在那一瞬間，我的夢想又回來了。我開始在腦海看見自己打鼓的模樣，慢慢覺得眼前的鼓棒敲打在鼓面上的感覺相當舒服。在那一瞬間，我了解了一些事。我也許會是世界上最差的鼓手，但我還是可以當個鼓手吧。

我深呼吸。我得花一點功夫練習，但現在我是鼓手了。那鼓手要做什麼？練鼓啊。

因此，我給自己許多耐心，每個禮拜固定上課，並且在家練數小時。每個打擊都令人挫折，但我還是一直練鼓，練到鄰居來敲門要我把音樂音量轉小。日復一日，我的練習一直持續到能即興演奏的程度才停止。我練鼓，因為我是一名鼓手。

轉念的力量

我喜歡詹姆士的故事，因為在同樣的情況下，大多數人會說：「我想學打鼓。」這不是身分轉換。當詹姆斯決定打鼓時，他知道要成為優秀的鼓手，會有一條漫長而艱難的道路，如果他只是想「打鼓」，他可能永遠不會到達終點。但因為他的心態是「我是鼓手」，所以他的觀點截然不同。這個想法改變了他。

如果你是鼓手，你必須弄清楚當鼓手是什麼意思？他們有自己的鼓、有自己的鼓棒、有老師，而且頻繁練習。現在詹姆士的身分是鼓手，而不只是他想做的事情，在他的新認同中，鼓手所做的一切事情都變得容易了。

當有人來向我學習如何提高獲利或讓公司成長時，要讓他們執行成功所必需的事情似乎很難。然而，當他們了解漏斗駭客的身分，並穿上漏斗駭客的披風時，事情會簡單很多，因為「這就是漏斗駭客該做的事」。

你了解為什麼為他人創造身分轉換如此重要了嗎？如果他們有經歷身分轉換，那麼成功的可能性將會大幅提升。作為一個領導者，你必須設計出他們看似可以輕易轉換的新身分。

社群身分

許多人犯的錯誤，就是試圖讓他們的公司或運動跟自己畫上等號。只要你的產品或公司名稱是你的名字，其他人就很難認同這個運動。我公司的名字是 ClickFunnels，我們所屬的社群是漏斗駭客

社群。這些是相信我們所提供的新機會、使用 ClickFunnels 工具的人。

我之前有提過，一開始淑女總裁創辦人凱琳・寶林是用自己的名字為公司取名：杜爾時間訓練計畫。雖然她有些業績，但絕對不到創造運動等級。在我向她與丈夫分享社群概念、以及如何讓他人認同運動的方法後，她了解到當時的品牌行銷方式很難讓業績更上一層樓，他們需要一個大轉型。

那天開完會後，凱琳在搭飛機回家的路上突然有了個想法。她想到，「淑女總裁減重計畫！這就對了。客戶就可以稱自己為淑女總裁！」

飛機落地前，她已經改變了口號。他們很快地展開了新運動，並且在短短的三個月內，顧客流失率下降了一成（這對他們來說，代表數千美元的收入）。除此之外，更重要的是，他們的頭號粉絲（也就是會買所有品牌產品的消費者）認同「淑女總裁」這概念。這時，他們的公司每天都有上百名的新消費者加入。

要建立身分轉換的第一步，就是為你的社群取一個讓人認同的名字。我的社群就是漏斗駭客，凱琳的社群是淑女總裁。那你的社群呢？

個人認同：「我是_____」的宣告

為了要讓顧客投射自我認同在運動裡，他們會需要一個「我是什麼」的宣告，並且很快強化他們的身分。所謂的「我是____」宣告，近乎於社群身分，也能讓顧客有能力對社群產生自我認同。

「我是個漏斗駭客。」我社群裡的人會這樣說，而且這對他們來說意味深長。你在前面的段落已了解凱琳如何為她的運動改名，因為她可以想像社群裡的人說：「我是淑女總裁。」

你甚至可以進一步設計印有標語的 T-shirt。在開始 ClickFunnels 與漏斗駭客運動後不久，我們開始印製 T-shirt，上面清楚寫著 # funnelhacker（#漏斗駭客）。我們把衣服送給每個有 ClickFunnels 帳戶的人。在送出一萬件 T-shirt 後，我們的會計部門問我是否還要訂製衣服。會計部門認為看不到印製上衣能如何回收成本，光是印一件衣服就要花 10 塊美元，還得加上運費。

我差一點就要取消印製了，但是某天我收到一個剛加入 ClickFunnels 社群的人的訊息，他說，他根本從來沒有登入帳號過，但他也不想取消，因為他很愛我們的 T-shirt。他認為自己是這社群的一分子，不希望被排除在外。這時候我徹底感覺到身分轉換的力量了。我跟會計部門說，「雖然印製衣服很花錢，但是它帶來的無形價值還是滿有份量的。」自此，我們寄出超過二十五萬件 T-shit，範圍遍及全世界。我看過不同國家的人穿上那衣服，並在世界的其他角落傳遞我們的訊息。

凱琳也很投入在製作淑女總裁運動的相關衣服。她說那些 T-shirt 很像斗篷，讓成員們都彷彿擁有超能力般。當她們穿上淑女總裁 T-shirt 時，整個人氣場看起來與眾不同，就像是女超人一樣。這提醒了她們，任何時候都有能力發揮所長去做任何事，以及清楚自己在這趟旅程的位置，並且繼續前進。每次她們穿上 T-shirt，就彷彿是再次宣揚自己的新身分，有充分信心迎接未來挑戰。

要讓人們能認同你的運動，你必須想出夠簡單的點子，才能放在 T-shirt 上，並讓成員可以穿上去、認同你的運動。

你可以朝「我是個＿＿＿」或「我是＿＿＿」這方向想想。

我是漏斗駭客。

我是淑女總裁。

我建構漏斗。

我的觀點不一樣。

我是生物駭客。

你的社群成員，願意在胸口上驕傲地向世界宣告什麼呢？

創造「自由稱號」或宣言

在古老美洲的時期，摩羅乃隊長（Captain Moroni）率領軍隊打了一場他們根本無法取勝的戰爭。當時部隊中有些人已經對自己的使命失去了信心，有些甚至加入敵軍。摩羅乃隊長需要盡快行動，以拯救他的軍隊和他的人民。在《阿爾瑪書》（*Book of Alma*）第 46 章 12 節，故事如此敘述：他把外衣撕下當成臨時的旗幟，並在上面寫著，「為紀念我們的神、我們的宗教、自由、我們的和平、我們的妻子，和我們的兒女。」然後他把那面旗幟綁在一根桿子的末端，並稱之為自由的稱號。

當人們看見時，他們朝摩羅乃上尉聚攏，當時的畫面讓我聯想到梅爾·吉勃遜（Mel Gibson）在《梅爾吉勃遜之英雄本色》（*Bravehear*）電影中發表重要演講的橋段；人們重新相信自己的信

念，並且打贏了戰爭。[32]

你的社群會需要一個自由的稱號當作激勵目標，或是提醒他們想改變的初衷。當他們質疑時，就可以望向那個口號，彷彿是種召喚。**這會讓他們知道你是誰，並提醒他們自己是誰**，再次專注在你們聚集的理由與目標。

我首先看到開創出自己的社群宣言的正是凱琳與她的運動。她希望口號能打中自己的社群，甚至將不適合此社群的人排除在外。她認為口號應該要能啟發她的夢幻顧客，並提醒她們自己的夢想。有天她和先生布萊登坐在一起；布萊登拿出手機，按下錄音，並記錄下對凱琳而言淑女總裁運動隱含的意義。他們最終打出逐字搞，並排版完稿成圖，讓社群成員們可將此圖（見圖 6.7）印出來貼在牆上、鏡子上提醒著自己想成為什麼樣的人。

圖 6.6　為啟發你的社群，你也可以創造自由的稱號或宣言，讓他們朝向你的目標而聚集在一起。

在我撰寫漏斗駭客宣言時，我也經歷過類似的過程。誰是我的漏斗駭客呢？我們代表了什麼？我們想成為怎麼樣的人？在我思考一陣子以後，我為我們的社群寫下宣言（見圖6.8）。

當凱琳發布宣言後不久，我發現她還為顧客們製作了一個迷你版本的宣言圖檔，可當作手機的桌面圖案。這樣一來，每當她們拿起手機，都會再次提醒自己是淑女總裁。很快地，我也為漏斗駭客社群製作了同樣的手機桌布（見圖6.9）。

創造身分轉換的可能不僅限於上述實例；這只是我們獲得空前成功的方法之一而已。最重要的關鍵不是在於名稱、T-shirt，或手機桌布的文字，而是顧客對這項運動的感覺，以及在你的社群裡的角色位置。一旦你做到這些，他們將轉變成全新的人，並將你視為領導者。

淑女總裁宣言

淑女總裁正是我們內心強壯的女性,勇於承擔責任。她不是人生的受害者。她不找藉口、或抱怨無可改變的事。她會將精力投入行動,而非提醒所有人「自己做不到」。

淑女總裁可擁有一切,並有能力實踐一切。她無須妥協,忠於自我。淑女總裁了解真正做自己的時刻,正是最燦爛的一刻。

淑女總裁不會只說不做,她會直接去做。她知道要成功,就必須投入執行。淑女總裁不會滿足他人的期待,只願意成為最好的自己。

淑女總裁會忽視身邊那些希望她失敗的仇視者。淑女總裁專注在自己想要什麼,而非自己「做不到」什麼。

淑女總裁不說廢話,直接行動、不做任何妥協。她珍視自己的正直、自信、自我價值,而且不會為任何人而改變。

淑女總裁決定自己的命運、自己的人生、健康、身體,以及生命。

淑女總裁代表著某種精神特質,而你完全可以擁有此特質。那代表你最自信的自我。代表拋下所有懷疑、恐懼、藉口,以及任何阻礙你的理由。

因為你做得到⋯⋯

你就是淑女總裁。

圖 6.7　寶林夫妻創造了此宣言激勵他們的顧客,並提醒這群女性自己想成為怎樣的人。

漏斗駭客
是新時代的創業者

更聰明、更簡便、更快,而且自由!

漏斗駭客
相信他們的事業就是使命……

他們的產品、服務、傳遞的訊息,有能力改變他人的生活。
他們有服務他人的使命。

漏斗駭客
可以掌控自己的命運……

他們沒有安全網,不做風險投資。
Bootstrap 就是信念。

漏斗駭客

定義自己的命運。
創造自己的機運。
建造自己的王國。
改變世界。

我就是漏斗駭客
離成功只有一個漏斗的距離。

圖 6.8　漏斗駭客是創業者與企業經營者,他們熱衷於將自己的訊息、
產品、服務提供給他人,以此改變夢幻顧客的人生。

圖 6.9　我們把宣言做成手機桌面圖，讓夢幻顧客可以時時提醒自己，
他們擁有的新身分。

步驟三：創造里程碑勳章，激勵前進（成就之路）

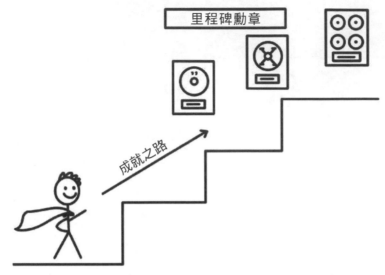

圖 6.10　我們為漏斗駭客建立了里程碑勳章：百萬美元俱樂部勳章、千萬美元俱樂部勳章，與如億美元俱樂部（Two Comma Club C）勳章。

　　拿破崙曾經說過，「士兵會願意為了那彩色緞帶勳章漫長奮戰。」[33]在我還是摔角選手的時候，我發現對高中摔角手來說，那個「彩色緞帶勳章」就是全州冠軍。就在我意識到那是終極榮耀後，我就十分渴望得到那冠軍寶座。我願意短時間內減掉十公斤，好進入完美量級，等到我一進入量級後再開始吃吃喝喝，回到正常生活。我可以少吃幾頓、少參加派對，甚至減少和朋友的活動。我每晚爬繩子、舉重、跑步，白天則進行數小時的摔角訓練。我流血、流汗與流眼淚，只為了可以奪下那個位置。等到我終於在高中

最後一年拿到冠軍時，我立刻想知道下一個目標是什麼？

我發現在全州冠軍後還有全國賽，如果你晉級到八強，就可參加全美高中明星賽！知道這個就夠了。我又開始繼續減重、跑步，花了整整一年時間準備全美高中明星賽，這次我爭取到了全國排名第二，這就是我的彩色緞帶徽章。

打完最後一場比賽的幾分鐘後，我已經開始在想下一個目標是什麼。很快地，我加入楊百翰大學摔角隊，追逐下一個徽章。

很多時候，有些人會加入我們的運動，僅僅為了得到某個成果。很不幸的，對很多人說，結果本身並無法吸引他們投入龐大的努力。有些時候，他們的目標太過無形，例如「我想讓公司成長」或是「我想要更成功」。很多人追逐的只是進步，而所謂的進步是看不到終點線的。因此，我們決定設下里程碑勳章，好讓成員能在茁壯自己的公司同時，善用我們提供的新機會（漏斗），達到特定目標。

我們的第一個獎項是百萬美元俱樂部獎。我們在第三次漏斗駭客大會時，為每個在自己漏斗內賺到 100 萬美元的人，都頒發了這個獎！那次我們共頒了七十三個獎，我也在那天目睹了台下的聽眾如何轉變。他們仿若看到有人打破了四分鐘的紀錄，並且完成他們無法想像的夢想。百萬美元俱樂部獎成了台下這群人心中的彩色緞帶勳章。

在接下來幾年裡，我們每年都有上百個創業者上台，領取百萬美元俱樂部獎！這個儀式使這群人與我們的運動並肩同行，也帶給他們進步與成就感，直到抵達終點為止。

在我們頒給第一批創業者百萬美元俱樂部獎後，他們立刻問，「接下來咧？」接下來該追逐的彩色緞帶勳章是什麼？因此我們創立了千萬美元俱樂部勳章，頒給那些在自己的漏斗內獲利超過1,000萬的創業者。在接下來的漏斗駭客大會上，出現了十七位獲獎者！接下來，我們又創造了如億美元俱樂部勳章，專門頒發給在漏斗內獲利超過 1 億美元的創業者。我們也推動計畫，打算鼓勵學員挑戰第一個十億美元俱樂部勳章得主！你可以在 TwoCommaClub.com 瀏覽獲獎者名單。

在你的運動裡，四分鐘障礙是什麼？你可以創建什麼獎項或激勵給你的社群呢？一開始，所謂的四分鐘障礙自然必須是你已經克服的難題，因此你可以讓你的用戶知道，這是可行的，賦予他們希望與信念，令他們相信自己也必然可以完成。當你轉換焦點，並幫助其他人完成自己的目標、打破自己的四分鐘紀錄時，你將發現，社群會慢慢產生變化。他們會把焦點從你或專家的身上轉移，並開始專注在自己的身上或他們自己創造的社群。這點很重要，因為很多人進入社群是為了尋求專家協助，但又為了社群本身而留下來。當你有越來越多的成員突破自我的四分鐘紀錄時，有更多的人會加入你的運動，而這場運動將以你難以預料的速度，快速成長擴張。

步驟四：為社會任務而團結（轉變之旅）

當你開始閱讀本書第二部分英雄的兩個旅程時，就會知道在每個英雄的故事裡，他都面臨兩個旅程。你會熟稔此故事結構，並開

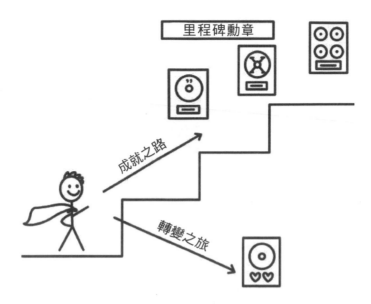

圖 6.11　我們還設立了一個具有里程碑意義的獎項，當漏斗駭客向慈善機構捐贈超過一百萬美元，他們就會獲得這個獎項：雙心俱樂部愛心勳章。

始述說自己的故事。而在你的運動裡，你和社群也會擁有真實的旅程。我很快就會向你解釋，不過，隨著繼續閱讀，你也將越來越熟悉其細節。

第一個旅程是關於成就。我們才剛剛解釋，作為一個專家，你可以協助社群成員完成自己的旅程，並且獲得最終的成果。而英雄所經歷的第二個祕密旅程，則是關於轉變。在英雄經歷成就之旅時，他們也慢慢轉變成新的自己。

如果你只協助社群裡的人取得成果，最終他們還是會離開你。成就本身並無法帶來持續的滿足感。即便他們獲得你所承諾的成

就，最後終將會尋找他處，滿足其他需求。

當我們展開 ClickFunnels 運動時，作為給予者，我們知道要把漏斗駭客的精神融入至公司的體質以及文化內。很多人都說，當自己獲得成功時也會不吝分享，但是我倒是認為，對多數的人來說，成功的原因正在於「給予」。當我們開啟 ClickFunnels 運動時，我們就規定每當有漏斗上線，我們就捐助 1 塊美元給「村莊影響力組織」（Village Impact），該組織為肯亞孩童建立學校。每年的漏斗駭客大會，我們都會公布捐助給該機構的總金額，以顯示社群內對此機構的支持；該機構由我的朋友史都與艾美・馬克藍（Stu and Amy McLaren）所成立。我們也曾經帶著一批漏斗駭客前往肯亞，讓他們親身了解自己的付出帶給當地人的改變。

在我們開始第四屆漏斗駭客大會以前，我有機會與提姆・巴拉德（Tim Ballard）見面，他所成立的地下鐵路行動（Operation Underground Railroad）協助兒童免於性剝削。當時我對這狀況毫無了解，但是據估計目前約有兩百萬兒童被迫從事性剝削工作與器官摘取。我們知道真相後，很清楚必須伸出援手。於是我們決定資助紀錄片《圖森特作戰計畫》（*Operation Toussaint*）的拍攝，並在漏斗駭客大會上首映。當天影片播放完畢，我們當場收到共 100 萬美元的捐款，這金額足以拯救四百名孩童。

當時我們最大的資助者為東尼・羅賓斯，也正好是那年最重要的講者之一。在大會結束後，我在後台和他分享當晚所募得善款的總數。他說了一句改變我一生的話。他說，「我喜歡你引導社群成為給予者，協助他們看到善行的價值，並讓他們熱愛上慈善工

作……對我來說，這才是最重要的事。」

在此之前，我一直認為自己的任務是協助社群成員成就某件事，而這只是表面上而已，真正重要的是幫助他們轉變成新的自己。

當晚回家以後，我們開始向社群宣導這項慈善計畫，並建立漏斗為紀錄片募集資金。（你可以在 OURFilm.org 觀賞此紀錄片）。在執筆的此刻，該漏斗已經募集到 250 萬美元，並且持續增長。

在我前往肯亞的上一次旅程中，我不斷回想這兩個慈善組織對我的意義為何。雖然兩個機構相當不同，但都擁有同樣的精神。我開始思考如何讓此精神更深入的與運動產生關係。我的腦海裡突然浮現兩個字：解放與教育。

從這一刻開始，我不但知道了如何結合兩個慈善組織的方法，也知道慈善運動對我們社群的重要性。地下鐵路行動將孩子從性剝削解放出來，而村莊影響力組織則為孩子提供學校，並且讓他們接受教育。

ClickFunnels 可以讓創業者擺脫技術門檻的束縛，並透過書籍與教練課程給予他們教育，幫助他們取得成功。

解放與教育：在創業者行走在成就之路時，我們給予他們這兩個價值，並在他們經歷轉變之旅時，給予機會去協助那些無法自救的孩童。近日我們也創造了新的獎項「雙心」徽章，鼓勵那些捐助 100 萬美元給慈善機構的創業者。我很期待這個彩色緞帶勳章可以激勵更多人，讓他們更願意給予（如果你想了解更多慈善行動，歡迎到 LiberateAndEducate.com 網站）。

Part Two

創造信念

CREATING BELIEF

我站在四千五百名漏斗駭客面前，準備在漏斗駭客大會開幕上演講。現場氣氛歡聲雷動。幾乎每個人都穿著與 ClickFunnels 有關的打扮，有人自己製作了 ClickFunnels 的衣服，有人染了頭髮，甚至有個坐在前排的人在雙臂上刺上「ClickFunnels」。

他們不只是 ClickFunnels 的使用者，而是我們的超級鐵粉。我們擁有約十萬名用戶，其中多達四千五百名超級粉絲願意拋下家人與工作，前來與其他漏斗駭客同聚。

當我站在台上，我希望能分享絕對重要的事情，讓會員們能在接下來的一年內受到影響而有所成長。我非常希望這是個具有真實意義的演講，讓他們知道自己花的時間與金錢是值得的。那我能分享的東西是什麼呢？

在上台前的數週，我開始理解到一種新架構，是過去十年來我一直在潛意識所運用的；這架構很簡單，然而，卻是我超過十五年的工作生涯中最重要的收穫。當天早上，我與觀眾們分享的架構為：誘餌、故事、提案（Hook, Story, Offer）。

圖 7.1　雖然我運用了「誘餌、故事、提案」架構近十五年，但我從沒注意到這可以是完整的架構。等到我了解這件事後，我立刻明白這是企業成功的關鍵。

我不想說太多細節，因為《網路行銷究極攻略》一書已對此架構有詳細剖析，你可以深入研究，並徹底學習該架構。但是若你沒讀過該書，我想對該架構做簡短介紹，除了讓你稍微了解前作內容以外，也可理解為什麼本書的內容也能符合前作的架構。

　　我在演講時提到，如果你的漏斗無法成功，那關鍵一定與誘餌、故事或提案有關。誘餌代表你如何吸引消費者的注意力；故事代表你如何建構商品的感知價值；提案則是你所販賣的產品。接著，我告訴觀眾如何在你的漏斗中，逐一安排誘餌、故事、提案等元素。你所給予這世界的每一件事都與這三個要素有關，如果遇到了阻礙，那一定是誘餌、故事或提案出了錯。

　　我在此分享架構，因為本書的第一部分先著重於此架構的最後部分：如何創造有力的提案。你提案的感知價值越高，就越容易成交。如果你的潛在顧客認為提案的感知價值至少有 1,000 美元，但你只賣 100 美元，那麼他們就會願意買單。不過如果他們認為價格僅有 50 美元，而你卻賣 100 美元，那這筆生意永遠都做不成。祕密就是提高感知價值，讓它超過實際價格。當你做到了，人們就會點頭說好。以下我將列出我們提高感知價值的方法：

- 把提案從「改進版方案」改為「新的機會」
- 發展出對自己而言獨特的專屬架構（proprietary framework）
- 在市場創造自己的品類，並成為品類之王
- 將架構以不同方式包裝，以增加其價值
- 給予他人一個奠基於未來的視野，並成為他們的信念

- 把顧客帶入社群內
- 幫助顧客進行身分轉換，並成為我們社群的一部分

你在此所學到的所有工具，都可以增加你提案的價值。在本書的第二部分將會幫助你增加自己提案的感知價值，不過你必須經歷另一段過程。在這裡，我們用故事作為架構前提，增加你實際提案的感知價值。

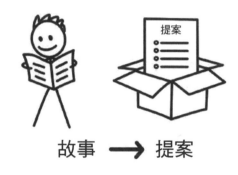

故事 ➡ 提案

圖 7.2　你的故事可以作為架構前提，增加提案感知價值。

你可以藉由分享如何學習、獲得架構的故事給觀眾，運用故事增加架構的感知價值。你也該分享在發展產品與提案的過程故事，以增加其價值。如果我告訴你提案的故事，將會大幅提升提案的價值，讓你覺得其遠超越實際價格而更容易買單。學會說對的故事，可以增加提案或任何產品的感知價值。在這個章節，你將學會說故事的方法。

打開連結的頓悟橋

THE EPIPHANY BRIDGE

　　你曾在血糖飆升時做過重要的決策嗎？我有次在愛達荷州波夕的坎德斯甜點店享用肉桂法國吐司吃到飽，這可不是普通的法國吐司。它足足有五公分厚，並加上自製糖漿、草莓與奶油。我很相信這新創公司是有目的性的把我帶到這裡，讓我一邊吸收糖分一邊聆聽他的新概念。總而言之，他的想法很棒，我也決定加入合夥。

　　會面後一週，他寄來了為前端銷售影片撰寫的文案。我越讀越感到有點煩躁。這是很傳統的提案影片，告訴觀眾為什麼應該接受這新機會，文案包含所有寫作的技巧與行銷工具，但是卻無法說服我。我知道有些地方出錯了，問題在於，文案只是一再地想說服我，為何該加入。你的目標不應該是賣給其他人任何東西。你的目標應該是引導他們做出自己的決定。

　　發現到問題後，我迅速回覆對方信件：

嘿，我很興奮可以成為這計畫的一部分，但是這行銷影片大錯特錯。你不應該只是說服他們為何該加入。這方法不太對。

我認為如果你直接在影片裡直白地推銷，很難有力地打中人心，也沒有創造讓人想開始行動的情緒。如果你希望人們接受新概念，並且買單，你應該引導他們找到答案，而不是直接給出答案。他們必須自己想到方法。你得用故事將想法植入顧客的心裡，一旦他們想到答案，自然會買單。要由顧客做出購買決策，而不是你。當這種情況發生時，你就不需要推銷任何產品了。

他回信，並表示有點困惑，並且詢問是否願意為我們的新創公司撰寫文案。我花了幾個小時的時間，寫下「頓悟橋」的腳本，並在上架當天作為主要文案。影片推出的六週內，我們沒花半毛廣告費，就獲得了一百五十萬新會員的支持！這就是用對「說故事的力量」的證明。

那麼，什麼是頓悟橋？簡單來說，就是透過故事讓聽眾獲得當初你找到新機會時心中湧現的那份興奮感受。舉例來說，我希望你在開始行動前，先回顧自己的旅程，以及成為專家以前、還在成長道路上的你，當初第一次學習到新機會所產生的驚喜與火花。你還記得當時的生活嗎？你必須回到當初的狀態裡，這很重要，因為那正是你未來夢幻顧客的心情。

現在請試著回想，讓你擁有頓悟瞬間（那個「啊哈！」的時刻）的脈絡為何？當時你應該理解到了什麼，並且就此改變你的人生吧。這些巨大的頓悟將成為永恆的指引。有時候指引可能來自特定

的人，他給予你答案，指引也可能來自上帝，他給你所需要的靈感或想法。

對我而言，我學到新機會（漏斗），也就是所謂的「啊哈！」時刻，就在 Google 宣布提升價格，而我必須停止販售馬鈴薯槍 DVD 的瞬間。接著，給我指引的人麥可·費沙米（Mike Filsaime）來電，跟我說他將開始進行所有產品的向上銷售❶，他稱之為「一次性提案」（one-time offers，或稱為 OTOs），幾乎每三個顧客裡，有一個人會購買他的向上銷售提案。

哇！這就對了！這就是我期待已久的頓悟時刻。我把向上銷售加入我的馬鈴薯槍漏斗內，湊足了應該付給 Google 的廣告費用。我的生意再度重回軌道。

因此針對你說的故事，第一個問題是：你得到指引的頓悟瞬間是什麼呢？

圖 7.3　**頓悟就是你的「啊哈！」時刻，也是你學到新機會的重要瞬間。**

---

❶　向上銷售（upsell），也稱追加銷售。為了鼓勵顧客買更多，而提升原本想購買的商品等級，或是除了原本的購買品項，再追加相關配件或服務。

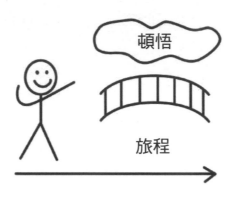

圖 7.4　你的頓悟會促使你展開旅程，並學習新機會所帶來的事物。

當你擁有那巨大的頓悟時，你的**情感**上已經接受了新概念。這通常會開啟你的成長之旅，也是讓你成為特定主題專家的原因。

於是，你開始深入研究該主題，學習該領域的字彙，以及背後的科學與技術，終於你的**理智**上也接受了新機會。

不過，這是多數人可能會犯錯的一步。因為他們已經理性用邏輯佐證自己的理論與資料無誤，準備好執行第一件行銷案。通常，第一步他們想推廣事實面，以求觀點不容駁斥。很多人都有相同的疑惑，當他們嘗試以理性論述推廣產品，卻會發現客戶毫無反應，令他們備受挫折，而且這種消費者也往往非常抗拒新觀念。你有過這種經驗嗎？

問題在於你講話的方式——「技術大話」（technobabble），也就是普通人難以理解的技術用語。我的朋友金・克勞佛（Kim Klaver）在自己的暢銷書《我的商品這麼棒，為什麼賣不掉？》（*If My Product's So Great, How Come I Can't Sell It?*）中寫到，他認為技

圖 7.5　你在成長的旅程中獲得了龐大的知識，以至於當你開口向別人介紹新機會時，言談間滿滿的技術大話會令人充滿困惑。

術大話是摧毀成交機會的頭號殺手。

　　想當然，我們肯定對自己的點子充滿熱愛，並希望別人理解為什麼應該跟隨我們、使用我們的產品與服務。但是，當我們開始向他人解釋自己的信念時，往往會陷入技術大話模式，想以理性的論點說服他人買單，包括解釋這項概念頂尖的理由，以及背後的科學原理，強調為什麼自己是「創新」產品、「領導」業界。我們所分享的，全是產業數字與行話術語。

　　然而，除非對方情感上擁有和你一樣的頓悟，否則長篇大論的技術觀點，並不會讓他們買單。在他們頓悟以前，任何的論述、功能與優點只會惹怒他們。不但令人沮喪，還可能造成困擾。你必須先在情感上說服對方，才有理性談論產品功能的空間與時間，進而讓對方為此感到興奮。

　　請試著想想。你也不是因為技術大話才接受新機會的吧。你也是經歷過某種情感體驗後，才開始深度研究該主題。你先有了頓

圖 7.6　你必須避免技術大話。請以夢幻顧客的角度思考，讓這些人也擁有你在頓悟瞬間所得到的感動，如此他們才會跟隨你的腳步。

悟，才因此求取進步。人們不會因為理論被說服而買單，購買是基於情感。接著，他們才運用理性將已執行的購買決策合理化。

　　舉例來說，假設我買了一台法拉利。某天我試駕法拉利的時候，突然有了想要擁有它的衝動，所以我買下了法拉利（或是豪宅、昂貴服飾、手錶等）。但是，接著我必須用理性合理化自己的決策，不管是對自己、朋友或配偶皆然，我必須說服他們這錢花得值得。我必須解釋法拉利比較省油、正在特價，或是擁有超好的保固服務。我會找理由去合理化自己的情感付出。

　　如果你仔細想，等號的兩邊有不同的狀況。我在情感上與新買的法拉利互相連結，但是我必須運用理性的論述說服朋友、家人，以免在他們面前失去地位。然而，倘若我沒有先產生情感的連結，有人想單純用理性的功能介紹推銷一台法拉利給我，幾乎是不可能的事。

　　理性無法推銷產品，情感才做得到。

為了創造如此的情緒，你必須回想當初你如何產生頓悟，並從此相信新機會。你的頓悟橋故事，正是提供了情感與理性兩端連結的橋樑。

如果你能說出自己的「啊哈！」時刻，並且以對的結構組織故事，那麼潛在顧客就可能也擁有同樣的頓悟，並願意購買你的服務或產品。接著，他們自然會找一套理性的說法合理化自己的購買行為，並自我學習技術層面。你的工作是學會如何講故事，並引導他們得到領悟，剩下的就是他們的事了。此時，你就是指引他們擁有與你相同頓悟的領導者，如同你曾經歷的。這才是關鍵。

所以我的第一個問題是，「讓你相信新機會，並願意與他人分享所學的頓悟橋故事是什麼？」我們會在接下來的兩個機密裡，討論如何組織故事，而現在我希望你回想當初的經驗，你如何擁有第一次的頓悟，並踏上自己的旅程？

你記得發生了什麼事嗎？當時身邊的情況？你的感覺如何？回想細節是很重要的一環，因為好故事往往由細節架構而成。

有效的說故事方式

你有沒有注意到，一樣的故事，兩個人可能有完全不同的說法？你可以用非常有情緒感染力的方式傳達。而另一個人卻講得讓人幾乎要睡著。差別在哪？要如何說好一個故事？

超級簡單化

要說好故事的第一個關鍵是超級簡單化。當你說故事時，必須用小學三年級的水平。很多人會覺得難為情，因為你喜歡用繁複的字彙，顯示自己的聰明與程度。這點你可以留待日後發揮，但不是在說故事的時候。人們喜歡用小三生的程度吸收資訊。一旦你施壓過猛，就留不住人。這也是為什麼新聞頻道都以最簡單白話的程度與觀眾互動。

2016年美國總統大選初選時，有項研究分析了共和黨候選者的演講，並將這些人的演講代入佛萊士─金凱德可讀性測試（Flesch-Kincaid test）[34]，衡量各演講內容的年級水平。川普的演講可讀性約為小學三年級至四年級之間，泰德‧克魯茲（Ted Cruz）約為九年級，而班‧卡森（Ben Carson）與麥可‧赫卡比（Mike Huckabee）約為八年級。使用複雜的字彙也許讓你顯得更聰明，但很難影響他人。

類似橋的環節

有些時候，你必須談及複雜的層面。那麼，要如何把複雜的概念快速簡化呢？你可以使用一個我稱為「類似橋的環節」的工具。每次當我遇到複雜程度超過三年級水準的新詞或概念，我就會停下來並思索，我可以用什麼消費者已知的概念解釋──就像試圖讓我的小孩也能聽懂一樣！

舉例來說，在某個行銷文案裡，我需要解釋酮，那就像是透過吃脂肪減重的方法。（你注意到我的句子裡有著「那就像是……」

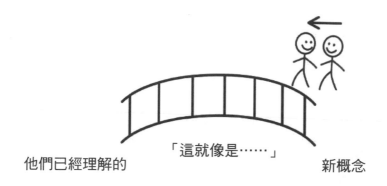

他們已經理解的　　　「這就像是……」　　　新概念

圖 7.7　如果你想用三年級方式教一個新概念，你可以這樣開場，「這就很像……」利用他們已知的概念來解釋。

的橋嗎！你有沒有注意到呢！）在行銷文案內，我提到酮這個詞，我已經能想像觀眾開始感到視線模糊。我發現，只要他們不明白一個字的意思，就會停止接收你接下來要講的訊息。因此我開始用「這就像是……」句型：

　　我們的目標就是希望你身體裡有酮。好，那什麼是酮呢？嗯，它們就像是上百萬個在你身體裡奔跑的勵志型講師，它帶來能量，並讓你感覺很棒。

　　我要說的概念或單字對方可能無法了解，但我加上「這就像是……」做開頭。我把「新單字或概念」與「對方已經理解的事物」建立連結，因此他們得以理解。我的聽眾知道什麼是勵志型講師。他們可以想像上百萬個勵志型講師在身體裡大概是什麼意思。

同一份稿子，我還試著要解釋身體裡有酮是什麼感覺，這不好解釋。那感覺起來很棒。很好！因此我如此描述：

如果你進行生酮飲食，這就像是以前的電玩「小精靈」。記得嗎？在遊戲裡，你得一直避免被鬼吃掉。但每隔一段時間你會得到大力丸，擁有超強力量，甚至可以追著鬼跑，那感覺超讚，對不對。這就是身體有酮的狀況。

我再一次運用了觀眾已經理解的概念，去解釋模糊、難以理解的新概念，就是使用「這就像是⋯⋯」句型。

每當你演講（或寫作）遇到他人可能無法理解的關卡，你只要說「這就像是⋯⋯」，並連結一個簡單好懂的概念。這招能很有效地讓你的故事簡單好懂、有趣，也有效。超級簡單化是關鍵。

讓他們感受

另一個改善說故事技巧的方式是，加入情緒與感覺。在電影裡，要讓觀眾有感覺通常比較簡單。我最愛的例子是《X戰警：第一戰》（*X-Men : First Class*）。在電影裡，我們被帶回X戰警的過去，看到了他們是怎麼長大的，以及第一次發現自己有超能力的時刻。[35]

在一個場景裡，年輕的萬磁王被帶到納粹集中營。當軍警把他與家人推進鐵柵前，他們發現當他掙扎時，金屬柵欄開始移動。納粹想了解他的能力，因此把他帶到一個小房間，要求他展示超能力

給一位納粹軍官看。他們也把萬磁王的媽媽帶進房間，以此逼迫他就範。

納粹軍官拿槍指著萬磁王的媽媽，並要求他用念力移動桌上的硬幣。他倍感緊張，並且努力嘗試移動硬幣，卻一點動靜也沒有。於是納粹軍官扣下板機，開槍殺死萬磁王的媽媽。接下來的一幕相當有張力，即使沒有任何人說話，你也感覺得到萬磁王內心的劇烈痛苦。你看見他的眼神從悲傷轉變成憤怒。接著他用念力破壞了納粹軍官桌上的鈴。從那一刻開始，萬磁王怒吼，房間裡所有的金屬物紛紛移動。他砸碎了警衛的頭盔、瞬間殺死對方，並摧毀掉房間裡的所有物件。這時，他發現了自己的超能力。

當你看電影時，不用任何對白，就可以感受到一切，因為看著他的臉，你感覺到房間的動靜、聽得見音樂，你似乎真實體會到了萬磁王的痛苦與苦難。這就是電影的魔力。

當然，我們不太可能拍電影來推銷商品，但是我們知道如何說故事，並讓觀眾感覺到他們像是在看一部精彩的電影。

想像一下，萬磁王走進來，然後說：「對啊，我小時候被帶到納粹集中營，他們想要我用念力移動硬幣。我做不到，他們就殺了我媽。我真的很生氣，所以把整個地方炸了。」

你有什麼感覺嗎？應該沒有吧，這根本缺乏了讓你與角色連結的情緒體驗。然而，這往往正是多數人講故事的方法。

如果你去研究優秀的小說家，就會注意到他們讓主角進到房間後，會先花好幾頁的功夫描述房間，包括屋內的光線、物件模樣或觸感，以及其他能幫助你建立現場輪廓的細節。然後，他們才深入

描述角色的內在感受。這就是關鍵。你必須解釋你的感覺，如果你有這麼做，別人就會開始體驗你的感受。

舉例來說，如果我這樣說故事呢：

我坐在家裡廚房旁邊的小辦公室。我的小辦公桌上，貼滿了便條紙，上面寫滿我的靈感。我聽見孩子在另一個房間嬉鬧，不知道在幹嘛。接著我聽見太太叫小孩去洗手，準備吃晚餐。當我聽到他們飛奔到洗手台，開始爭吵應該誰先洗手時，就知道我該起身，準備一起吃飯了。

但是，就在我慢慢起身時，我感覺到一陣胃痛，有點像心臟病發，只是痛點在胃部。此外，我感覺肩膀有重重壓力，就像是有人坐在我的脖子上一樣。那壓力如此之重，讓我幾乎無法抬頭。我只看得見自己的手，我的雙手冒汗，身體感到一陣寒冷。

如果太太知道我沒錢讓大家過聖誕節的話，她會說什麼呢？如果明天小孩起床發現聖誕老人沒有給他們任何禮物的話，會是什麼表情呢？

當你在閱讀上面字句時，應該可以感受到我描述的狀況。你有感覺胃痛嗎？背上有重擔？或是手心冒汗？當我描述自己的感受時，你幾乎能立刻感覺到一樣的情境。如果我說了自己的頓悟橋故事，我也會希望你進入相同情境，感受我的「啊哈！」時刻。假如你沒有感覺，應該根本不能體會到我的重點。

你有沒有過這種經驗，跟他人講了一件很好笑或誇張的事情，結果對方根本無法理解？他們聽得懂，但就是沒有很投入，無法進入你說的故事裡。因此，你換一種方法說故事，接著又換一種方式，你試了很多次以後，終於舉雙手投降說，「好吧，可惜你不在那裡。」如果你對觀眾說了你的頓悟，但是他們就是無法進入狀況，差不多就是這樣。

現在你理解了頓悟橋的基本手法，先把故事簡單化，並讓聽眾對你的故事產生共鳴。再來我想進入故事結構的部分，當你能理解了敘說故事的正確結構，並應用以上概念，你將會成為說故事和販賣故事的大師。

機密 #8

英雄的兩段旅程

THE HERO'S TWO JOURNEYS

1984 年，也就是喬治・盧卡斯（George Lucas）推出《星際大戰六部曲：絕地大反攻》（*Star Wars series, Return of the Jedi*）的隔年，他參加了舊金山的一個活動，活動主題是關於如何在外在空間尋求內在自我，他參加的原因是他的導師，他的尤達正是活動的老師[36]。

　　盧卡斯的尤達是喬瑟夫・坎伯（Joseph Campbell），儘管兩人未曾見面，但是坎伯在十年前寫畢的作品，幫助盧卡斯寫出星戰系列。坎伯花了畢生精力研究在人類歷史與世界史中隱藏的奧祕與生命原型（我把這稱為他的架構）。在他的研究裡，坎伯發現不論故事的歷史背景或文化背景為何，都有一樣的神話架構存在其中。基本上，幾乎文明史上的所有成功故事都遵照著「十七個階段」故事架構而流轉。

1949 年，坎伯寫下《千面英雄》（*The Hero with a Thousand Faces*）[37] 詳細描寫這十七個階段故事架構，也就是英雄的旅程（The Hero's Adventure）：

1. 冒險的召喚：英雄接到來自未知的召喚
2. 拒絕召喚：責任或恐懼讓英雄無法展開旅程
3. 超自然的助力：遇上師傅或成為眾所皆知的存在
4. 跨越第一道門檻：英雄離開已知世界並投入未知
5. 鯨魚之腹：從已知世界分離的最後階段
6. 試煉之路：英雄歷經一連串測試，才能有所轉變
7. 與女神／愛相遇：英雄體驗到無條件的愛
8. 誘惑：英雄遭遇誘惑，可能放棄終極目標的追求
9. 向父親贖罪：英雄必須面對在他生命中具終極力量的對象
10. 在英雄歸返前的和平與滿足：英雄進入一種神聖的境界（通常通過某種形式的死亡）
11. 終極恩賜：達成目標
12. 拒絕回歸：在新世界找到了幸福和啟悟，英雄可能不願意回歸
13. 魔幻逃脫：有時英雄不得不帶著恩惠逃跑
14. 外來的救援：有時英雄需要救援者
15. 回歸：英雄保留在冒險中獲得的智慧，並通過與世界分享他們的智慧，融入人類社會
16. 兩個世界的主人：英雄在物質和精神（內在和外在世界）之

間取得平衡

17.自在的生活：無懼死亡，英雄活在當下，不憂慮未來，不
　後悔過去

　　盧卡斯動筆撰寫星戰系列時，他讀到了坎伯的英雄架構。他曾
在訪談中提到，在讀過坎伯的架構後，他感覺「有能力把自己的想
法延伸到任何社會、年紀的群體，並將它化約為令觀眾眼花撩亂的
動作冒險電影。」[38]

　　接下來的幾年兩人成為摯友，雖然令人訝異的是，坎伯當時從
未看過任何星戰系列電影。於是某天盧卡斯邀請坎伯到他家，一起
看電影。當時人們還不流行狂嗑影集或電影，盧卡斯說，「這恐怕
是第一次有人能同時看完星戰三部曲。」他們在一天內看完三部
曲。當影片最終結束時，兩人坐在一片漆黑之中，坎伯說，「你知
道嗎，我一直以為藝術早在畢卡索、喬伊斯（Joyce）與曼恩
（Mann）之後就終結了。原來不是啊。」

簡化版的英雄旅程

　　坎伯的研究多數聚焦於神話、傳奇與傳說，不過他的架構令人
稱奇，對我而言，要將十七個階段故事架構運用在臉書直播、網路
研討會或活動裡，可以說是難若登天。因此，我開始仔細研究如何
把這架構轉化成更簡單、並可加以運用的模式。

　　就在我思考如何將故事更好地運用在行銷裡時，我讀到了克里

斯多夫・佛格勒（Christopher Vogler）的著作《作家之路》（*The Writer's Journey*）。當時克里斯多夫是迪士尼的高層，他將坎伯的架構拆解，並找到了運用於電影腳本裡的方法。佛格勒將這個過程稱為「英雄旅程」（The Hero's Journey），他的簡化版故事架構只有十二個階段[39]：

1. 平凡世界
2. 歷險的召喚
3. 拒絕召喚
4. 遇上導師
5. 跨越第一道門檻
6. 測試、盟友、敵人
7. 進逼洞穴最深處
8. 試煉
9. 獎賞
10. 歸途的障礙
11. 復甦
12. 帶著萬靈丹復返

如果你觀察所有最流行的電影，就會發現這些架構一再地被使用。

哈利波特：神祕的魔法石	
平凡的世界	哈利波特住在樓梯下的儲物間
冒險的召喚	收到霍格華茲的入學信
拒絕召喚	他不相信自己是魔法師
遇上導師	海格帶他到斜角巷
跨越第一道門檻	他發現父母死在佛地魔手下
測試、盟友、敵人	他逐漸適應霍格華茲的生活
進逼洞穴最深處	哈利、榮恩與妙麗計畫搶在石內卜前得到神祕魔法石
試煉	他們穿越保護魔法石的障礙
獎賞	哈利進到藏匿魔法石的房間
歸途的障礙	他要面對把佛地魔藏在身體內的奎若教授
復甦	哈利在醫院醒來。鄧不利多向他解釋，他受到母親的愛保護
帶著萬靈丹復返	哈利回家過暑假，很開心自己是霍格華茲的一分子

圖 8.1　在《哈利波特：神祕的魔法石》（*Harry Potter and the Philosopher's Stone*）中，可以辨識出佛格勒的十二階段英雄旅程架構。

獅子王	
平凡的世界	辛巴成為榮耀國的繼承者
冒險的召喚	刀疤殺了木法沙，並要求辛巴離開
拒絕召喚	辛巴在孤獨與害怕的狀況下來到沙漠
遇上導師	丁滿、彭彭教導辛巴在叢林的生活
跨越第一道門檻	辛巴開始擁抱「哈庫那馬他他」（Hakuna Matata）的信念生活
測試、盟友、敵人	娜娜找到辛巴，兩人墜入愛河

進逼洞穴最深處	娜娜要求辛巴回到榮耀國，並從刀疤手上奪回王位
試煉	辛巴必須選擇要奪回王國，還是繼續新生活
獎賞	木法沙的鬼魂告訴辛巴必須回到榮耀國
歸途的障礙	辛巴歸返，面對刀疤
復甦	辛巴知道刀疤殺了父親，將刀疤從榮耀石拋下
帶著萬靈丹復返	辛巴登上榮耀石，重返王座

圖 8.2　動畫《獅子王》(*The Lion King*) 也有佛格勒的十二階段英雄旅程架構。

英雄的兩個旅程：成就與轉變

當我開始研究佛格勒的架構時，我發現他和麥可・豪格（Michael Hauge）一起做了有聲課程「英雄的兩個旅程」(The Hero's 2 Journeys)。[40] 你應該可以猜到我已經開始瘋狂研究英雄的旅程吧。首先我們可以了解到，基本上會有**兩個**旅程。很顯然地，當晚我根本睡不著。我買了有聲課程，而且重聽了好多遍，後來甚至致電豪格，私下認識了他。

豪格是好萊塢知名編劇顧問、故事專家，資歷近三十年。資深編劇或導演會打給他，確認他們的腳本遵照正確的故事結構，並能達到最高的情緒渲染。豪格擅長理解角色與電影英雄的內在生活，以及角色光譜和無形特質。

當坎伯與佛格勒討論英雄的成就之旅時，豪格提醒了我們，在所有偉大的故事中，都有著另一個更重要的旅程，也就是轉變之旅。

你想想看。哈利波特也許打敗了佛地魔，不過在這旅程中，哈利這個人有什麼改變呢？辛巴打敗刀疤並奪回王位，在這旅程中，牠的內在又有何變化？普遍來講，對觀眾來說，最深刻的其實是第二段旅程。

在《汽車總動員》（Cars）裡，閃電麥坤並沒有經歷成就之旅，它輸了比賽。就在它幾乎要抵達比賽終點線奪得活塞盃獎座時，它踩了煞車，並讓路霸奪得冠軍。閃電麥坤回頭找到車王，車王車身幾乎全毀，而閃電麥坤奮力將車王推向終點線。在整段旅程裡，閃電麥坤用盡全力希望可以滿足內心渴望，但是在最後一分鐘，他卻放棄一切，選擇不同的命運。我們目睹閃電麥坤的身分之死亡與重生。我們見到它擁抱了新的信念，見證了它的轉變。這才是好故事的精髓。

英雄的兩段旅程之架構

研究說故事數年後，我希望整合坎伯、佛格勒與豪格的觀點，甚至納入我的導師如戴肯・史密斯的想法，建造一個故事架構。此架構不但能簡化主要的說故事核心概念，而且能讓你成為說故事達人。

情節：角色、欲望、衝突

好故事都很簡單。好故事可能包含多層的複雜性，但是基本上，它們都相當簡單。我可以調度故事的複雜性，用六十秒或六十

分鐘講同一個故事,並達到一樣的效果。麥可‧豪格教我,每個好故事都奠基於三種關鍵要素:角色、欲望與衝突,也就是情節。

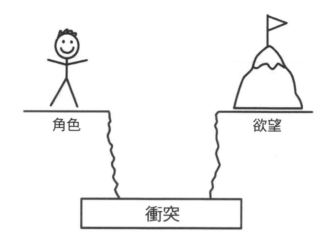

圖 8.3　每個好故事的情節都包含三個簡單要素:角色、欲望與衝突。

　　舉個例子:「從前從前,有個女孩叫小紅帽。她帶著一籃餅乾要去找外婆,外婆住在森林裡。她不知道大野狼正等著要吃掉她。」

- **角色:**小紅帽
- **欲望:**帶餅乾給外婆
- **衝突:**大野狼

　　不管是什麼樣形式的電影、書、歌劇、電視劇、戲劇,都包含上述要素。豪格解釋,「每個好故事裡都有吸引人的主角,他受到

強烈的欲望推動，並跨越種種難以克服的困難，完成目標。就是這樣。如果你有這些元素，自然可以說個好故事。」

階段一：從平凡的世界脫離

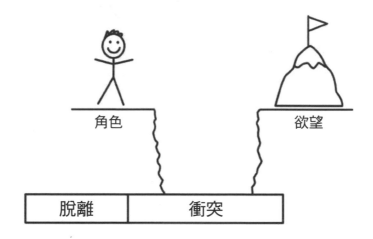

圖 8.4　角色必須先從平凡的世界脫離，才能開啟旅程，達成欲望。

故事一開始，我們的英雄還待在那平凡的世界。在故事的前四分之一裡，都與英雄如何脫離此世界有關。在分離的過程裡，說故事的人要讓聽眾真的關心英雄，人們才會在意他的旅程。這時我們會經歷兩個階段：與英雄建立關係，以及介紹他的欲望。

與英雄建立關係

如果我們沒有和英雄建立關係，沒有人會在乎他們的旅程。因此，若你一開始就讓觀眾與英雄建立很好的關係，那麼聽眾將對你

的故事全神貫注。你會希望聽眾很快地與英雄產生連結，因此我們可以給英雄以下至少兩個特色：

- 讓角色成為某種外在勢力入侵下的**受害者**，觀眾才會想支持他們
- 讓角色陷入**危險**，觀眾才會為他們擔憂
- 讓角色**討喜有趣**，觀眾才會對他們產生好感
- 讓角色**強大**，觀眾才會想像他們一樣

介紹英雄的欲望

每個故事都代表著通往快樂或遠離痛苦的旅程。推動英雄的往往為以下四個主要欲望：贏得、奪回、逃亡或停止。其中兩種欲望推動英雄通往歡愉，另外兩種欲望推動英雄遠離痛苦。

通往歡愉：
- 贏得：英雄可能想贏得愛人的心，或想贏得名聲、金錢、競賽或榮耀。但是你應該已經知道，他們真心想要的是地位的提昇。
- 奪回：英雄想要取得某物，並將它帶回身邊。

遠離痛苦：
- 逃亡：英雄想要遠離讓他們不安或痛苦的事物。
- 停止：英雄想要阻止壞事發生。

階段二：旅程、衝突與敵人

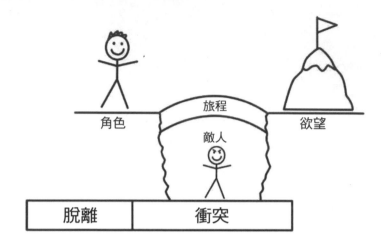

圖 8.5　故事裡的壞人存在，使我們衷心希望英雄能滿足自己的欲望。

在此階段，我們的英雄離開了平凡的世界，追求自己的目標與渴望。這是第一段旅程，也是每個聽故事的人都會注意到的表層。觀眾知道在故事終結前，有個具體的目標在那兒。這也是英雄為何踏上旅程的原因。我們都衷心企盼英雄可以完成旅程。在旅程讓故事持續進展的同時，真正重要的卻是第二個旅程。事實上，在大部分的故事裡，英雄往往沒有滿足自己最初的渴望，他們選擇放棄，並投入真正的轉變之旅，這才是故事的重心所在。

在此旅程中，英雄會遇上不同的衝突事件。衝突正是讓故事美好的原因。而製造衝突最簡單的方法就是創造壞人角色。壞人越壞，觀眾與英雄的連結就越深。

蝙蝠俠有小丑、路克天行者有黑武士，你的英雄也需要自己的壞人，讓主角可以絕地反攻。壞人可以是一個人物，或是一套錯誤的價值系統。我們的工作是醜化此信念系統，並打擊它，讓觀眾重獲真相。

坎伯、佛格勒與豪格都展現了不同的架構，展現不同衝突的轉折點，以及可用來協助或打擊主角的不同的角色。如果我有時間，我會在本書多加兩百頁討論衝突原型，但是這對要討論漏斗故事的讀者們來說，實在太多了。只要記得，在故事之中，衝突正是讓觀眾與故事產生情感連結的關鍵。

階段三：遇見導師、專家或指引者

在旅程中，英雄會遇見幫助他的導師或指引。請試著回憶所有電影，我們的英雄永遠都會有個導師啊。路克天行者有尤達、洛基有米基、佛羅多有甘道夫，而莫娜有毛伊。我的名單還可以繼續往下列，但是我希望你已經回想起自己最愛的電影，並認出英雄、壞人與指引者。

從說故事的目的來看，指引者是給予我們頓悟和架構的人。有時候，是為你帶來巨大驚喜時刻的真實人物，有時這個嚮導的角色可能是上帝，為你帶來靈感、想法和思想上的啟發（頓悟），形成你的新機會架構。

邁向英雄的旅程，就是使用指引者所提供的計畫或架構去打敗惡棍，並實現自己的願望。

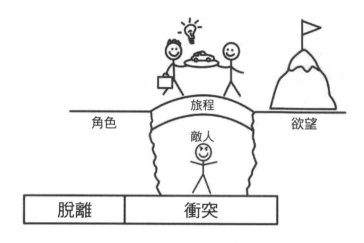

圖 8.6　英雄需要指引者的幫助，才能達成目標。

階段四：成就

　　最後的階段，正是英雄結束旅程之時。有些時候英雄終於獲得一路上費力爭取、最想得到的成就。也有些時候，他們並沒有得到心中所願。洛基沒有打敗阿波羅・克里德（Apollo Creed），閃電麥坤也沒有贏得活塞盃，但是在旅程中兩個英雄都轉變了。這是英雄的第二個旅程：他們成為誰，以及他們如何進化？這旅程代表了過去的身分已死，他們已經重生成嶄新之人。隱形的旅程，才是我們英雄所經歷的真正旅程。

　　我創建了英雄的兩個旅程的簡單架構，以幫助我看到好故事所需要的關鍵架構。在研究過程中，我發現克里斯多夫・佛格勒曾說，「你聽到任何人的點子時，你會覺得，『噢，這是不錯的想法。

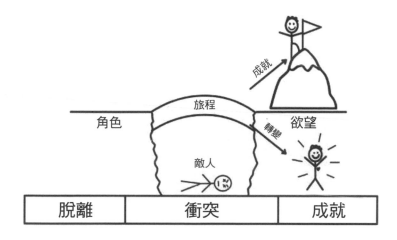

圖 8.7　當英雄終於結束旅程時，他們轉變成了一個新的人。

我同意。噢，我好像從來沒想過這點。』然而，有些時候你也會擁有自己的點子，創造自己的詞彙，並且和工作夥伴使用共同的語言……好好吸收、做筆記，並且記下你對這世界的所有觀察。這就是你作為藝術家該如何看待世界的方式，你必須把這些東西內化成自己的。」

當我理解佛格勒的想法時，我也發現雖然他將坎伯關於神話、傳說、傳奇的十七個階段故事架構，簡化成電影可用的模式，但我也需要將自己十五年來的概念與經歷，轉化成故事，以進行網路銷售。我希望擁有一套簡單的架構，首先我可以使用，在我盡力完善此系統後，也可以介紹給我的社群。在接下來的機密裡，我想分享我從英雄的兩個旅程故事結構中抽取出來的架構，經過簡化與重建，以便符合你的銷售漏斗。

頓悟橋故事腳本

THE EPIPHANY BRIDGE SCRIPT

自從我們推出 ClickFunnels 以來，幾乎每天都會有人問我這個問題。雖然我是全世界最愛漏斗的人，但是在花了無數時間思考是否有任何方法能夠快速回答這問題後，我發現我沒有答案。

「所以……什麼是漏斗？」一位女性問我。

我微笑，心中深知唯一能讓她理解的方法就是說故事。「你介意我分享一個我如何發現漏斗的小故事嗎？我認為這可能是了解漏斗最好的方法。」她同意，於是我開始用頓悟橋故事講述我如何發現漏斗（我的新機會）。

階段一：背景故事

背景故事／欲望？我在大學時期遇到了太太克洛蒂（Collette），

很快地墜入愛河。接著我向她求婚，她答應了。我知道她應該很緊張，因為我沒有工作，也沒有找工作的計畫。

（**外在環境**）我是名摔角學生選手，全美大學體育協會規定我不得擁有全職工作，因此克洛蒂得兼兩份差，才能養活我們二人。我希望自己可以賺點錢，好讓我們夫妻能展開新生活。

（**內在世界**）但我最希望的是讓太太不用工作，一起開始我們的家庭生活。她很期待成為全職媽媽更勝於其他工作。我很想早日達成她的願望。

舊途徑？我試了很多方法想在網路上賺錢，但始終不得其門而入。我試著在 eBay 賣東西、架設網站賣電腦零件，結果都慘不忍睹。我每次的嘗試，都賠入了更多資金。每一次的實驗都讓我揹上更多的債務。

階段二：旅程與衝突

召喚？大約在那時候，我看到一些人在網上銷售「教學」資訊產品，他們做得很好。我也開始想賣自己的教學產品。但問題在於，當時我沒有任何人會想付費學習的特殊技能。唯一能想到的是數個星期前，我和朋友一起做了一支馬鈴薯槍。我拜託朋友讓我拍攝製作馬鈴薯槍的過程，並轉錄成 DVD，開始上網販賣。

敵人？我架了簡單的網站，並下了 Google 廣告促銷 DVD。我每天花在廣告上的費用是 10 美元，每天平均賣出一片 DVD，售價為 37 美元。我總算開始嘗到小小的成功滋味。但是，Google 突然改變遊戲規則，大幅提高廣告收費。不久後，我每天得花超過 50 美元的廣告費，去賣那片 37 美元的 DVD。

如果失敗了？我的生意幾乎一夕之間沒了。這代表我必須得放棄摔角，找個工作，或是繼續讓太太兼兩份打工養活我們。這兩個選項都糟糕透頂，令人無比絕望。

階段三：新機會

指引者？最終我撤掉了 Google 廣告，因為開銷實在過大。一週後，我接到了一通電話，對方是和我差不多狀況的網友，專門販賣教學資訊產品。他是麥可・費沙米，當時我相信他的生意處境應該和我一樣，直落谷底。

頓悟？我詢問麥可最近過得怎樣，他說生意比以前更好了。這回答讓我感到相當困惑，並趕緊追問，然後他與我分享了自己的「啊哈！」時刻。他表示，他只在網站加了一個小功能，就改變了所有事，讓一切重回軌道。他說，原理和麥當勞差不多。如果你點大麥克，對方會問你要不要薯條或可樂。同理，如果有消費者購買他的產品，他會附上向上銷售的網頁，問他們想不想要以折扣價購

買其他商品。他說，通常願意買一項產品的消費者中，每三個人會有一個人加購向上銷售的產品！如此一來，他就能從每個消費者手上獲得更多利潤，也能繼續購買 Google 廣告，刺激流量。

我開心極了。我立刻開始想，顧客買了馬鈴薯槍 DVD 後，還有什麼產品可作為向上銷售的選項。我找到了一間公司專賣馬鈴薯槍套組，於是便主動找對方談合作。每當我賣出他們的套組後，他們就會把產品寄給消費者。我增加了向上銷售選擇，也創造了我的第一個漏斗；如同麥可所言，平均每三個消費者中大約有一位會購買套組！現在我有足夠資金繼續購買 Google 廣告了，還能維持住利潤。

新機會？從那次經驗中我學到，網路行銷的祕訣不在於產品本身，而是如何販賣產品。這個簡單的漏斗，正是讓我賣出更多馬鈴薯槍產品的祕訣。

階段四：架構

策略？我發現這祕訣後無比興奮，迫不及待想知道其他產品也是否通用。不久後，我陸續推出減重產品、約會顧問、折價券使用課程、網路行銷課程、iPhone apps、糖尿病神經病變患者的營養補給品等。我發現有些漏斗適用於網路事業，而有些漏斗適用於服務型事業。我試了上百種的變化組合，並開始為不同類型的產品打造截然不同的漏斗架構。測驗後，也發現有些架構適合作為名單磁鐵、有些適合販賣實體產品，而有些則可用於服務型產品。

我的成果呢？不管我的團隊涉足那個領域，只要我們建立了正確的漏斗，產品就會一夕爆紅。我們曾建造出一個在六周內累積超過一百五十萬筆潛在客戶名單的漏斗！創造過讓新創公司在第一年就賺進八位數的漏斗！也曾運用我們這套漏斗架構，為慈善事業創造 200 萬美元的銷售佳績。

　　其他人的成果呢？既然有如此耀眼成績，我也將上述架構分享給數千位創業者。我目睹布萊登與凱琳‧寶林用漏斗推動淑女總裁的新創概念，並協助數百萬女性開始減重計畫。我看過愛泥沙‧荷馬（Dr.Anissa Holmes）醫生讓診所每月都有近百名新患者上門，並幫助無數的牙醫經營自己的診所。

階段五：成就與轉變

　　成就？在我學習漏斗後，我的太太終於能辭職了。我的團隊所創建的漏斗可以每日產出數千名新的潛在客戶名單，並在每月獲得數百萬美元的進帳。

　　轉變？但是最棒的是，太太除了辭職以外，還能當全職媽媽，現在我們有五個超可愛的小孩！除此之外，我們一路見證數百名創業者獲得自由，並為顧客提供更好的服務。這一切都因為他們使用了漏斗來推廣其企業。

「哇！我有個＿＿＿公司，你覺得漏斗會對我有幫助嗎？」當我分享自己的頓悟橋故事後，對方往往會如此反應。通常我會針對對方的背景，再進一步與他分享其他小故事。如果對方是牙醫，我當然不會講寶林的故事，而是分享愛泥沙・荷馬醫師的案例。如果對方有兩分鐘，我會簡單講完故事，如果他有兩小時，我會給他更多詳細的細節或是情感層次，讓故事聽起來非常有力量。不管我怎麼說故事，都會符合五階段架構。

細說頓悟橋的五階段架構

過去五年，我從英雄的兩個旅程中創造了頓悟橋版本的故事腳本。不管我是在 Podcast、臉書直播、廣告、email、行銷影片、網路研討會、演講討論會或是任何地方（每天要好幾次）說故事，我都使用此架構。精心修正後，再分享給我的核心圈大師班成員，並見證他們運用這套頓悟橋腳本，行銷獲利數百萬美元。說白了，原則就是用五個段落回答十四個問題，並依據現實狀況，調整故事長度，不管是兩分鐘或兩小時都適用。我可以有彈性地依據時間長短增刪故事細節。

我印了一份頓悟橋腳本的架構放在桌前，每當我說故事時，就會瞄一眼。你也會需要說很多故事，因此，你必須熟稔這套腳本，這可能將是你成為專家要做的最重要工作之一。只要你能回答出十四個問題，就能說出一個完整故事。後面我會更深入解釋每個問題，但是現在，我想先讓你看看，光是回答下面幾個問題，就能讓

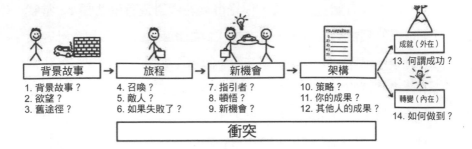

圖 9.1　在影片、Podcast、網路研討會等場合說故事，都能運用頓悟橋腳本的架構。

此腳本發揮功能。

階段一：背景故事

1. 你的**背景故事**是什麼，為什麼我們要對你的旅程感興趣？

2. 你想要滿足的**欲望**或成果是什麼？

    ■ 外在：你的外在欲望是什麼？

    ■ 內在：你的內在欲望是什麼？

3. 你過去使用過什麼**舊途徑**想達成目標，卻失敗收場？

階段二：旅程

4. 你開始旅程的**召喚**或原因是什麼？

5. 誰是阻擋你成功的**敵人**？

6. **如果這趟旅程失敗了**，會發生什麼事？

階段三：新機會

7. 誰是讓你得到頓悟的**指引者**？

8. 你感受的**頓悟**是什麼？

9. 你從頓悟創造的**新機會**是什麼？

階段四：架構

10.為了達到渴望的目標，你構思的**策略**或架構是什麼？

11.順著架構，你得到什麼**成果**？

12.使用你的架構，**其他人得到什麼成果**？

階段五：成就或轉變

13.你的**最終成就**是什麼（外在欲望）？

14.你在旅程中**如何轉變**（內在欲望）？

對很多人來說，這個大綱足以幫助你完成任何故事的架構。不過我希望更仔細深入一點，讓你了解如何回答上述問題。

頓悟橋腳本

階段一：背景故事

背景故事？為什麼我們會對你的旅程感興趣？通常好的故事都從背景描述開始。以頓悟橋來說，你必須先回想起擁有頓悟時刻前的狀況。你必須回到那個促成你展開英雄旅程的脈絡。通常，你的

背景故事

1. 背景故事是什麼？
2. 欲望？
   ・外在環境
   ・內在世界
3. 舊途徑是什麼？

圖 9.2　你的背景故事應該包含你的內在與外在欲望，以及交代你在過去為了達到目標，曾經使用過哪些失敗的舊途徑。

背景故事發生的時間點，會與眼前觀眾所處的人生際遇差不多。

　　他們想要得到你現在擁有的成果。不過就算他們視你為專家，也看到了你的成就，他們可能還是很難與你產生連結或信任。這也是為什麼你必須先拋下專家身分，回到起點，回到那個和觀眾們一樣地掙扎的時間點。當他們看見你也曾經有同樣的處境，自然會對你產生信任，相信你可以帶領他們前往期望的地方。

　　欲望？你在此講述自己心中的渴望是什麼。如我前面所述，你的欲望通常與贏得、奪回、逃亡或停止有關。

　　（**外在環境**）通常外在的困境是我們前往成就之路的動力，也

就是英雄的第一個旅程。大部分的人都願意分享自己的外在困境，例如「我想減重」或「我想有間自己的公司，然後賺錢」。

（**內在世界**）內在的挑戰則是將恐懼化為勇氣的轉變之旅，也就是英雄的第二個旅程。有時候我們很難和人分享內在挑戰，甚至可能連自己都不知道。但是如果你願意以柔軟的態度分享自己的內在歷程，會讓你和對方很快地拉近距離。為什麼？因為你的觀眾也有同樣的內心掙扎。多數人永遠不會談論自己的內在世界，但是當聽眾聽見你展示自己的脆弱面，並分享自己如何實際奮戰，他們會很快地與你產生連結。

當你的故事進入尾聲，通常代表你完成了外在挑戰，並結束英雄的任務。但是如果要讓你的故事更有深刻的感染力，英雄該做的不僅僅是完成任務而已。他們需要在旅程之中轉變為另一個人。

舊途徑？背景故事讓人與角色產生連結，接著你得把觀眾帶回那沮喪的時刻，也就是你的英雄旅程最一開始的起點。很有可能這不是你第一次面對欲望，並試圖達成目標。告訴他們各種你試過的失敗、無效的舊途徑。正因為舊機會沒有用，無法達成目標，因此你（以及你的聽眾）才需要展開新的旅程，嘗試新的機會。

階段二：旅程與衝突

旅程

4. 召喚的內容？
5. 敵人是誰，或是什麼的化身？
6. 如果你失敗了，會怎麼樣？

圖 9.3　當你開始分享自己的旅程，我們會看到故事中的反派，也就是創造衝突的源頭。

在故事的前四分之一裡，英雄還停留在「平凡的世界」。在此階段，我們開始認識英雄，並對他產生關心之情，關注他的欲望；知道他曾在過往經歷無數嘗試，卻往往失敗以終。

在下一階段的故事，英雄對欲望的看法產生了改變，他們不是**應該**滿足欲望，而是**必須**滿足欲望不可。通常會發生一些事情，讓英雄做出強烈的改變，甚至離開舒適圈，前往未知世界探索。

召喚？在你的故事裡，召喚正是讓你展開旅程的理由。召喚可能是你的內在感受或情緒，可能是你學到了什麼，或參與了某個事件。因為某件事的發生，而讓你決定再次迎接挑戰，努力達成心中所願，並把過往的種種失敗拋在腦後。

敵人？ 在你展開旅程時，有什麼阻礙橫置在你面前？在你的故事裡，敵人很有可能是錯誤的信念或體系，讓你遲滯不前，或是導致你在市場失利。而這個人或是錯誤的信念，就是你要丟石頭的對象。

如果失敗了，會怎麼樣？ 如果你不知道其中的風險和代價，就很難為最終的成就感到興奮。要是你這次沒有成功，代表什麼呢？假如你沒有達成目標，最糟的後果可能是什麼？

階段三：新機會

7. 指引者是誰？
8. 頓悟是什麼
9. 新機會是什麼？

圖 9.4　要解釋新機會，就必須分享誰（或什麼事）讓你找到新點子。

在故事的第三階段，英雄發現了新機會。在這個階段，你的目標是讓聽眾對你的感受產生同感，以及讓他們獲得你第一次擁有頓悟時的體會。

指引者？領導者可以是一個人，或是從上帝那得到的靈感。以我個人經驗來說，有時候頓悟來自他人給我的話語，或是在旅途中自己突然湧現的靈感。那麼，在你的頓悟時刻，指引者是誰呢？

頓悟？讓你獲得最後一片拼圖的「啊哈！」時刻是何時呢？你的目標是讓聽眾在聆聽時，也有同樣激動與興奮。

新機會？在這個頓悟體驗裡，你獲得或創造了什麼有形事物？當你從過去的舊途徑轉移到新途徑，並奮力達成目標時，等同進行了機會轉換。

階段四：架構

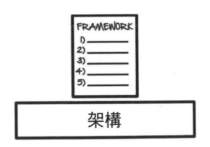

10. 策略是什麼？
11. 你的成果是什麼？
12. 其他人的成果是什麼？

圖 9.5　當你分享架構時，請解釋背後策略，並分享你自己與其他人使用此架構的成果。

現在你已經發現新機會了，這也是你建造與測試架構的時機，你可以觀察新機會是否能有效幫助你得到期待的結果。

策略？你如何規畫整合與應用此新機會？你運用從指引者身上所學，並建構出的架構是什麼？

你的成果？你運用架構後得到的成果是什麼？你自己就是那隻白老鼠，所以必須分享此階段的故事，聽眾才能理解此架構是否也對他們有用。

其他人的成果？當你為自己取得成果後，這架構對他人有效嗎？如果是，請你分享其他人運用這個新機會的結果。

階段五：成就與轉變

終於來到故事的尾聲。這也是讓一路聆聽的觀眾大感收穫的重要時刻。

成就？當你開始旅程時，無比渴望達成目標。請分享達成目標後的感受，並讓聽眾知道你從新機會獲得什麼成就。

轉變？試著分享走過這歷程後，自己轉變成怎樣的人。這也是你的內在挑戰成果，英雄的舊身分已死，而新的信念系統重新誕生。

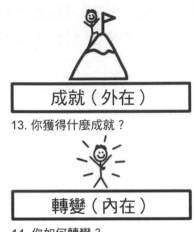

成就（外在）

13. 你獲得什麼成就？

轉變（內在）

14. 你如何轉變？

圖 9.6　除了分享你的成就，也要分享在此旅程中的轉變。

　　接下來你會在下一個機密學到，好故事的目的在於打破舊的信念模式，並以新模式重建。如果你能照這套系統創造故事，就可以幫助人們擺脫舊的信仰體系，創造新的未來。

　　這就是頓悟橋故事的腳本。我們談的內容相當多，足以讓你了解隱含在頓悟橋故事背後所有環節的力量。但請記住，故事本質上很簡單。你可以深入琢磨場景、情感與其他角色等，讓故事變得更加複雜。但說故事的核心不變，都是遵循著非常簡單的過程。

三十秒頓悟橋腳本

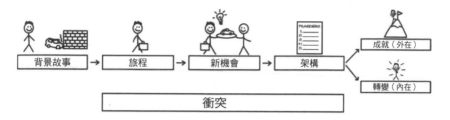

圖 9.7　要分享較短的頓悟橋故事，只要掌握五大主要步驟即可。

很多時候，你很難花十或二十分鐘講完整個頓悟橋故事。有些時候，例如在完美網路研討會架構中，你可以講一個重要的頓悟橋故事，再用其他小故事，快速打破其他的錯誤信念，以彌補主要故事缺乏的部分。當我分享短版的故事時，不用回答到十四個問題，只要確保故事有涵蓋五大主要階段就夠了。舉個例子，如果要我花三十秒講馬鈴薯槍的故事，大致內容如下：

背景故事：我想賺錢養老婆。

旅程：我開始賣馬鈴薯槍 DVD，但 Google 廣告讓我跌一跤。

新機會：費沙米跟我說了向上銷售的故事，我因此發現漏斗。

架構：我建造漏斗架構，並讓我的公司成長。

成就：我賺了很多錢，老婆因此能在家專心當全職媽媽。

大部分時候，你的故事必須涵蓋這五大階段。若時間許可，你再深入討論每個階段的細節。

現在你理解故事結構，也寫好第一個自己的頓悟橋故事。在下一個階段，我們將討論人們對你的新機會所抱持的錯誤信念，並思考我們該創造怎樣的故事，破除錯誤的信念模式。

機密 #10

四大核心故事：說服與信念

THE FOUR CORE STORIES

我和太太曾經受邀參加一個在波多黎各的私人菁英聚會，在場皆為全球頂尖的企業發展或行銷專家。在那小小的餐桌上，幾乎每個人的公司年營業額都是破 10 億美元的等級。其中我最仰慕的是克雷格‧克萊門斯（Craig Clemens），他應當是全世界最優秀的文案寫手。

我第一次察覺到克雷格的存在，是在閱讀他的影片行銷文案後大感驚奇，他的文筆太好了，我甚至會在大螢幕上一再播放這些片子，彷彿他拍的是好萊塢新上線電影般。不過對我來而言，克雷格最成功的地方在於，多數好萊塢電影的目標是在戲院內獲得上億美元票房，而克雷格的影片則完美到在過去幾年內為公司帶來超過 10 億美元的網路收入。

那天，在一個可以眺望海景的小門廊上，我們大家一起圍坐在

圓桌前，當時克雷格說了一句話，而我相信其他人並沒有放在心上。那句話很簡單，但非常有力，我想我這輩子都不會忘掉。他說，「我的行銷目標是，重新改寫每個人心中的故事。」

東尼・羅賓斯曾說，「我們每一天都在跟自己說故事。我們創造故事是為了賦予自己的人生意義，證明我們的感受或體驗都是正確的，當然，我們也給自己一個架構，在此之上建構未來的故事。」[41] 有趣的是，你在生活中之所以能夠創造和完成很棒的事，是因為你相信的故事讓你堅定地向前邁進。你相信的故事造就了今天的你。如果你相信可以減重成功，你就會成功。如果你相信會成功創業，你就做得到。如果你真心相信自己會成功，那麼你就會實現夢想。

不過那其他故事呢？那些對我們來說沒什麼幫助的故事？那些關於他人如何成就某事，但我們卻不得其門而入的故事？那些關於我們不夠資格去達成心中渴望、或滿足召喚的故事？這麼說好了，不相信自己會瘦身成功的人，就不會變瘦。不相信自己能成功經營公司的人，也一定成不了大事。就是這麼簡單。

你所相信的故事，將會造就你的身分，改變你人生的軌跡。如果你改變心中所信仰的故事，你就能轉換你的身分，並改變人生的方向。

當克雷格說，「我的行銷目標是，重新改寫每個人心中的故事。」我認為我們在行銷時所面對的真正目標，其實是辨識出消費者深信不疑的的錯誤信念或故事，辨識出那個阻礙他們成功的因素，並在他們的頭腦中重新改寫故事。

我總是跟其他人說，我在漏斗駭客社群擔任主要漏斗經營者，代表我得讓這些人相信漏斗對他們是有效的。這是我唯一的終極任務。如果我能讓你相信漏斗對你有效，那就會有效。你會開始付諸實行，並且取得成功。如果你不相信，那麼即便你已展開旅程，恐怕也會無功而返。當你領導別人時，也是如此。你最重要的工作，即是讓其他人相信你所提供的新機會，將會為他們帶來渴望的成果。

我們的工作，就是思考對方對我們的提案會有怎樣的錯誤想法，還有他們心中本來誤信的錯誤故事。如此一來，我們才有可能重新改寫這群人的故事。如果他們原本就懷抱著正確的故事，那麼他們應該早已達成夢想。作為一個行銷人員或說故事的人，我們的工作就是重新改寫這個故事。

我們如何重新改寫故事？

首先，你必須了解人們如何寫自己的故事，並創造信念。這與他們的生活經驗有關。人在經歷正面或負面的事件後，大腦會火速為當下所經歷的事件撰寫故事，然後賦予其意義。接著，他們的腦袋就會帶著那個自己創造的故事，並視為信念。

現在，那些因人生經歷而創作的故事，可能為人們帶來保護或特殊意義，也可能產生錯誤信念，導致他們無法達到自己真正渴望的目標。這種信念系統打造了我們的人生基礎，為了自我的安全感與地位的鞏固，我們會不斷創造信念加以維繫。然而，這樣的信念雖然會讓我們感到被保護，很多時候，也會成為阻礙我們進步的原因。

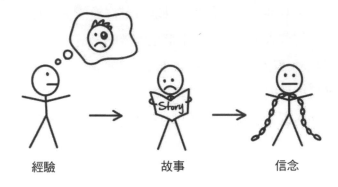

經驗　　　　　　　　故事　　　　　　　　信念

圖 10.1　當人們遇到了不好的經歷，他們會有套說法對自己說故事。而這故事用錯誤信念的鎖鏈束縛著他們。

　　這個過程在你生活的每一天都在發生，造就了現在的你，以及你獨有的一套信念。即便兩個擁有一樣經驗的人，也會因為他們在腦袋中創造了不同的故事，而產生了迥異的信念。很有趣吧。

　　當你第一次向他人提供新機會時，他們的潛意識就會自動快速尋找類似的故事，以此辨別你的提案是否符合他們現有的信仰模式。如果符合，他們就會相信你；如果不符，他們便會產生懷疑，那麼你就必須為他們重寫故事，告訴他們一個更好的故事——藉由這種頓悟時刻，幫助他們重新改寫故事。

　　現在，讓我來告訴你，如何辨識出那些我們需要為他人重新改寫的故事。

- **錯誤信念鎖鏈：**首先，我們必須先辨識出對方之前擁有、並且阻礙他們信任新機會的錯誤信念。如果對你而言，要找出

圖 10.2　**要破除他人的錯誤信念，得先辨識出造就他們產生錯誤故事的經驗。接著，你必須分享一個故事，力道足以破除他們的錯誤信念、並塑造新的信念。**

夢幻顧客的錯誤信念很難，那麼你可以回想看看自己在開始旅程前的錯誤信念。

- **經驗：**當你辨識出錯誤信念後，再思考基於什麼經驗，導致他們創造出錯誤的想法。
- **故事：**基於他們的經驗，現在的他們會對自己說什麼樣的故事？
- **新的頓悟橋：**你可以分享什麼樣的故事，去重新改寫舊有的腳本、修正那些阻礙他們前進的錯誤信念，為他們帶來新的頓悟，並創造新的信念？

讓我以減重與網路行銷兩領域的實例，來解釋這要如何進行。你可以以此模式，進行任何領域的故事重寫。

錯誤信念鎖鏈

面對你提供的新機會，你的潛在顧客有可能持有什麼錯誤信念鎖鏈？如果你毫無想法，你不妨先想想在自己頓悟以前，過去那些的錯誤信念。

減重：如果我試著減重，結果一定會慘不忍睹。

網路行銷：如果我加入網路行銷計畫，我會失去許多朋友。

經驗

現在你找到了錯誤信念，下一步是思考你的對象可能有過什麼樣的經驗，造成他們現在的錯誤信念。

減重：我去年試過減重，每天過著不能吃碳水化合物的日子。好痛苦。

網路行銷：我試著加入類似計畫，也想說服家人。結果他們很不高興。

故事

而現在他們又是對自己說怎樣的故事，以至於對你的新機會產生質疑。

減重：如果我想減肥，就必須放棄讓自己開心的事物。

網路行銷：想要成功的網路行銷，就一定會打擾到家人朋友。

新的頓悟橋

現在你必須分享頓悟橋故事（通常來自你的親身經歷，不過分享別人的故事也行得通），解釋你也曾經有過相似信念，卻因為新的故事而產生新的信念模式，並終於理解為什麼過去你告訴自己的故事是錯的。

減重：我以為必須放棄喜歡的東西才能減重。但是我現在認識酮了，我靠喝酮減重，而不是拒吃碳水化合物。

網路行銷：我以為加入網路行銷計畫會讓朋友生氣，但現在我知道我可以創造網路漏斗。網路上有很多人願意加入我的計畫！因此，我的團隊成長完全不仰賴朋友或家人。

你感覺到這為什麼有用了嗎？當我理解這概念時，我發現故事才是信念的核心。如果我能辨識出對方的錯誤信念，並告訴他們關於我的錯誤故事，我就不用「推銷」任何東西給他們。好的故事，指引人們擁有對的信念，信念會推動銷售。

如果你參加過我的演講，你會知道我有很多故事。事實上，在最近的一次演講裡，朋友數過我在六十分鐘內講了多少故事。我以為大概只有十多個，但是實際總數竟然是五十個，幾乎每分鐘都有故事發生！有些長的故事可能要花上五到十分鐘，而其他的可能一分鐘內就結束。我的每個故事都有目的，為的就是要破除聽眾的錯誤信念。

我該說什麼故事？（四大核心故事）

你必須理解，我不是隨便講個故事而已。我和聽眾分享的每個故事，都有特定目的，為的是要破除他們的錯誤信念、用一個嶄新有力的信念重新改寫故事，並給我機會為他們服務。

在下面章節你會學到，在行銷架構內，我如何運用四大核心故事破除人們的錯誤信念。

核心一：你的起源故事和新機會

這就是你的頓悟橋故事，告訴大家你如何發現到自己的新機會。在所有分享的故事中，這個故事要盡可能照著頓悟橋腳本敘述。這通常是我說的第一個故事，我會花比較多的時間講解背景故事、旅程、指引我找到新市場的頓悟、我發展出的架構、我的成功、以及其他人用此架構得到的成功故事，最後我會以擁有的成就與轉變當作故事結尾。

第一個故事的目的是破除他人的錯誤信念，因為他們很可能還在用這些錯誤的方法試圖達成目標。故事中會提到你發現了新機會，而你將分享給大家。

舉例：人們聽到我的起源故事時，就會相信漏斗是達到理想目標的最佳手段。

核心二：途徑與架構的故事（你怎麼學習、獲得體驗的過程）

我講的第二個故事與新途徑的架構有關。現在我的觀眾都知道新機會的存在了，我希望跟他們說說背後的架構。我所分享的故事將關於我如何學習或是掌握此架構，並且分享架構的策略（內容）。

舉例：我會分享創造漏斗駭客架構的過程，又如何找到運作效果最好的漏斗，並以此為新漏斗的模型。我的故事重點在於，展示我如何學習或掌握上述架構。

核心三：內在信念故事

在對方學會架構背後的策略後，接下來他們的錯誤信念多半與個人的執行能力有關。這時，我會說說自己的頓悟橋故事，解釋我如何發現自己確實做得到，並且分享案例，證明其他人也能依循相同方法成功。

舉例：他們可能認為漏斗很棒，但是不相信自己有足夠技術能力創造漏斗。我會用故事證明他們肯定也做得到。

核心四：外在信念故事

當對方相信途徑與自己的執行能力後，他們最後仍舊可能會相信外部阻力將妨礙他們取得成功。這時，我會再說個頓悟橋故事，

以破除如此的錯誤信念，證明沒有任何外部阻力可以阻擋他們取得成功。

　　舉例：即便他們覺得自己有能力建構漏斗了，但可能不知道如何把流量導引到漏斗內，所以你必須說故事說服他們相信，要將流量帶入漏斗並非難事。

　　在下一階段，你會看到我們如何在行銷腳本中編排上述故事。我只是想先提醒你，在接下來的練習，我們會創造故事發想清單。我希望你可以將故事放入四個類別內，為練習作好準備。

從故事發想清單開始

　　現在你已經懂得故事的力量，也開始思考自己要對聽眾說什麼故事，而最後一步就是創造你的故事清單。我之所以能站在講台上侃侃而談數小時，完全不用看草稿，是因為我已經創建好一個故事發想清單。

　　我們下一個練習的目標就是建造你自己的故事。我希望你不要隨便選一個故事。每個故事都有相應的目的，應該要能夠打破某些人的錯誤信念，並讓聽眾在腦海中重新改寫自己的故事。

步驟一：找出錯誤信念鎖鏈

　　在圖 10.3 左欄中條列所有你的顧客對新機會可能會有的錯誤

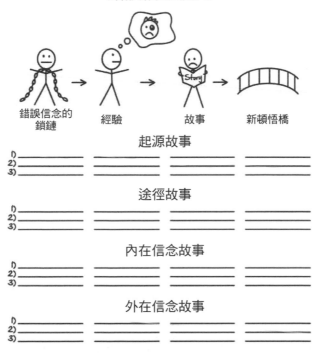

錯誤信念模式

錯誤信念的鎖鏈 → 經驗 → 故事 → 新頓悟橋

起源故事
1)
2)
3)

途徑故事
1)
2)
3)

內在信念故事
1)
2)
3)

外在信念故事
1)
2)
3)

圖 10.3　之後你要選出每個類別裡最好的頓悟橋故事，不過現在你只要寫下很多的頓悟橋故事，並做到能夠破除各種不同錯誤信念即可。

信念，接著依序是對途徑架構的誤解、他們的內在錯誤信念，以及外在錯誤信念。我在每項下面都列了三行，不過我建議你在每個項目盡可能地再多寫一些不同的錯誤信念。

　　如果這對你來說有點困難，不妨想想你還沒展開新旅程時所抱持的錯誤信念。你的聽眾很可能也一樣是那麼想的。

步驟二：列舉經驗

在你所列的錯誤信念旁邊，請寫下那些導致聽眾產生錯誤信念的經驗類型。

步驟三：記錄故事

再往經驗欄旁邊，寫下聽眾在自己腦袋內編寫的故事。你必須知道聽眾心裡對自己說了什麼故事，才能提供新的頓悟橋故事重新改寫。

步驟四：架設新頓悟橋

面對所有的錯誤信念，請想一想你自己的頓悟橋故事。什麼事改變了你的信念？當你為顧客發展每一步驟時，你會發現多數人都擁有相同信念、經驗與故事，所以請試著回想是什麼啟發了你，讓你出現「啊哈！」的頓悟，並因此破除了舊信念。並確保每個錯誤信念你都有對應的故事。如果你沒有相應的個人故事，也可以借用他人的故事來分享。你所說的每個故事都將打破夢幻顧客的錯誤信念，並重建新的信念。

你可能不會用上所有的故事，不過你現在就該建立未來可用的故事清單。完成上述四個步驟後，請回頭練習述說你的故事，並運用機密 #9 的頓悟橋故事腳本。你的故事說得越好，就越能說服他人，也會懂得如何在顧客質疑時，給予適當的回應。

Part Three

超級機密：
一對多銷售

"10X SECRETS":
ONE-TO-MANY SELLING

2017 年 4 月 16 日，我接到了一通改變命運的電話，對方是葛蘭特・卡爾登（Grant Cardone）。他說自己正在籌備「超級機密」（10X Event）活動，地點位在拉斯維加斯曼德海灣，屆時會有九千位公司經營者與行銷人員參加。他希望能邀請我去當他的演講嘉賓。

九千人？我不知道誰有辦法號召那麼多人參加這樣的活動。不過我還是回應了，「好啊，要是你有辦法聚集九千人，我當然可以演講。」

「你收費怎麼算呢？」他問。

「如果要我離開家人一個週末去參加演講，至少要 100 萬美元噢。」我回答。

他停頓了很久，接著我聽見他笑出聲音來，「羅素，不可能啦，我連 100 萬的零頭都付不出來。」

我笑了，「好，那這樣吧，你不要付 100 萬美元，我可以**免費**演講，但是！我希望在每個演講結尾提及自己的產品。我會跟你五五分。」

葛蘭特又笑了，他一定想著自己打敗我了。不過他也同意了。（當時他絕對不知道一場演講可以獲利多少……哈！）

我們就這樣談好了條件。掛上電話後，我回頭就跟團隊說我們有新目標了。我希望在一小時內淨賺 100 萬美元。為了達成目標，我必須在九十分鐘內賣出 300 萬美元。誇張吧，但我知道如果演講席內有九千人，這是可行的。

在接下來的幾個月我們反覆排演、全力規畫要如何達標。然

後，終於到了這一天，我即將在 2018 年 2 月 23 日早上 10 點半發表演講。在那個時刻，就好比貝比‧魯斯（Babe Ruth）站上投手丘，準備好迎接打擊，發出暗號。

我做過很多場演講，但是當九千名聽眾同時望向你時，那場面實在驚人。所有人都期望著你有什麼超級高見，能改變他們的人生。

我半是緊張、半是興奮。我知道我接下來的演講，絕對會改變他們的人生。

「再五分鐘，你就要上場囉。」

我的緊張感轉換成一陣胃絞痛，心臟也撲通撲通地跳著。我的腳有點麻掉了，開始變換姿勢（總之我正盡力做一切努力，不再去想我要對九千人演講這件事）。

冷靜！我和自己喊話。在一陣暈眩中，我聽見麥克風傳來斷斷續續的介紹詞，主持人準備邀請我上台：

羅素‧布朗森是全美最重要的說故事專家……

他賣了上萬本書……

讓銷售漏斗主流化……

他是網路世界熱愛的創業家……

ClickFunnels 創辦人……

網路大師……

請讓我們掌聲歡迎

羅素‧布朗森先生！

我走上舞台，神奇的事發生了，我的胃痛瞬間消失，並開始感到相當興奮。接著，我用一頁頁的投影片鋪陳演講。就如同我們之前討論好的，我在演講最後為觀眾提供產品特賣。就在我報出提案優惠後，許多觀眾陸續立刻離開了座位、湧向階梯，並朝產品販賣區走去。

接下來的六小時就像是一場旋風。我留在那裡消化排隊人潮，和每個買了產品的參加者合照！直到活動結束後，我和太太克洛蒂才回到飯店休息。

我和克洛蒂一碰到床舖，立刻就睡著了。兩小時後才醒來，看看事情進展如何。我跑到團隊的旅館房間時，他們正在處理訂單、計算銷售總金額。

請聽好了……

320 萬美元！

我們成功了！

我們用九十分鐘的演講達成 320 萬美元的業績，這代表我的演講費用每小時超過 100 萬美元，我現在成了全世界演講鐘點費最高的頂級講師了！

一對多銷售

接下來幾天裡，每當我在走廊遇到其他行銷同業時，不斷接收到對方的大大讚美，認為我是前所未見的演講者。我總是微笑，但我心知肚明他們不知道我的祕密。

我不是最好的一對一銷售員，我的長處不在此。我精通的是一對多銷售的藝術。幾乎所有銷售員都能在一對一銷售上表現得比我出色，但因為我能夠與一百人講話、一千人，甚至同時和九千人演講，我只需要一場演講；也因為我懂得如何把演講簡化、架構化，才能在如此短的時間創造巨大獲利。

　　當你進行面對面銷售時，你有機會提出特別的問題、得到對方回應、解決對方的否定等。不過如果你參加活動、或是在漏斗內銷售，並無法同時與上千人進行問答互動，因此你必須預先在演講內容裡解決所有人可能提出的反對。

　　我知道，很多正在閱讀此書的你會想，「不過，羅素，我永遠都不可能上台演講。」如果你這麼想，我必須提醒你，你的平台和漏斗就是你的虛擬舞台，包括使用平台與漏斗投放廣告、登陸頁、舉辦網路研討會、你的臉書或 IG 直播、你的 YouTube 頻道，以及 Podcast 等。你在這些平台、管道的行銷呈現，其意義與製作舞台上的行銷發表是一樣的。

投入你的提案與故事

　　在此部分我將會向你解釋，我所使用的一對多行銷架構。當你學會製作類似的簡報，並將它投放到漏斗時，真正的自由即將來臨。

　　我確實用了九十分鐘進行舞台式演講，並獲利 320 萬美元，這無需任何槓桿作用。如果我要再獲得同等的演講效益，就必須再次

參與其他活動。許多人都認為我應該旅行全世界進行演講，但是我早已拒絕公開演講，因為我有五個很棒的小孩，也不希望錯過他們的成長階段。因此我的作法是，將同樣的演講錄影下來，投入我的漏斗，於是我每週都可以從自動播放的九十分鐘錄影演講獲得收益。

在此階段，你可以運用在第一部分（機密 #5）創造的堆疊投影片，以及在第二部分（機密 #10）列的故事清單，投放在我本人證實有效的一對多行銷架構。

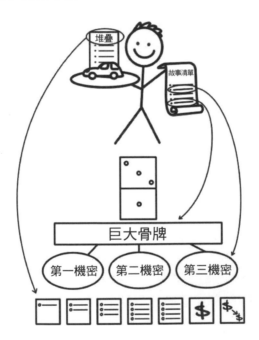

圖 11.1　把堆疊投影片與頓悟橋故事，投入至完美網路研討會架構中。

在過去十多年來，我盡可能完善這套腳本，如今，它已征戰無數市場，並取得驗證。這也是身為專家的你和夢幻顧客們所能建立最有力量的關係，如此的關係有助於你破除那些令他們遲疑不決的錯誤信念、改寫他們腦袋內的故事，並接受你的提案，展開行動。在我的事業生涯裡，我提供其他創業者無數工具，而此架構是我最驕傲的成果。

完美網路研討會架構

THE PERFECT WEBINAR FRAMEWORK

第一次見識到有人在講台上推銷產品後,我的人生就此改變了。那名講者用了九十分鐘演講,最後才拋出銷售提案。我吃驚地看著數十個人往房間後方跑去,並掏出上千美元購買產品。我算了算人頭,數了一下,發現講者在短短兩個小時內就賺進 6 萬美元!

接著,下一個講師也運用相同手法,在九十分鐘內製造了一股往銷售台走去的人潮,並獲利超過 10 萬美元。當時,我就打定主意絕對要搞清楚這一切如何運作。

幾個月後,我受邀舉辦第一場個人演講,我記得當時自己野心勃勃,打算講得比其他講者更多一點。我想教更多、更好的內容,並讓聽眾意猶未盡,這樣他們應該會更願意掏腰包吧。我準備了數週,到了最後要上台時,我所準備的內容密度已經相當高,可說是打破眾講者紀錄。台下聽眾被我的演講深受震撼後,我接著推出特

別版新課程販售。但是接下來發生的事，讓我愣住了。

什麼事也沒發生。沒有人願意離開座位。我非常尷尬地走下台，和聽眾握握手，然後從後門溜回飯店房間。我覺得很丟臉，整個下午我都躲在房內，看電影、吃哈根達斯與椰香炸蝦。感覺真的糟透了，我就像是一顆在眾人面前自爆的炸彈。

我當時發誓再也不要上台演講或在講台行銷。我只想在電腦後端販賣。然而我後來發現，網路行銷所需要的能力其實和上台演講相仿。因此我決定把姿態放低、好好學習。我不想和那些演講大師學習，我想要的老師是那種可以在不同平台上販賣自己產品的人（好比舞台、網路研討會、遠端討論會、行銷影片等）。**這有巨大的差別。**

業界頂尖的菁英教會我，太過豐富的教學內容不利於行銷。我也學習到該如何辨識、破除錯誤信念，並重建人們的信念模式，進而讓他們採取行動，產生改變。也學會了如何說故事、如何設計提案的架構等等。接著，我花了三年時間在全世界演講，在上千人面前反覆測試我的簡報，仔細觀察哪種主題（以及編排順序），人們聽了會想跑到銷售台前並拿出信用卡，而那些什麼主題則讓我的銷售下滑。

直到有一天，我實在厭倦了旅行的疲憊，也不想總把家人拋在身後。因此我決定不再上台演講了，儘管那時的我在九十分鐘內能達到 25 萬美元的銷售額。下決心之後，我轉為把同樣的行銷技巧運用在網路世界，分別在網路研討會和遠端討論會測試行銷腳本，用來製作銷售影片（Video Sales Letters）、臉書直播等等。

每次使用腳本進行銷售簡報時，我都會觀察聽眾反應，並進行修正。這樣的反覆測試，花了我十幾年的時間。有些時候我會參與大型活動，好比之前提到的「超級機密」。如此的大規模活動確實很有趣，但是除此之外，我不會作公開演講，我把精力全部用在建構我的腳本，並使用銷售漏斗推廣。

　　數年前，我開始教授這套行銷腳本給核心圈大師班會員。大家各自運用在各種你想得到的領域，經過最嚴謹、多樣的測試後，這套腳本已近乎完美。這也就是為什麼它被稱作「完美網路研討會」的原因。但事實上，它的功能超越於此。這是完美的行銷簡報模組，如果你真的想將訊息精準傳遞至你的市場裡，就必須嫻熟這套腳本的運作。

先掌握大架構

　　完美網路研討會架構建立在三個主要階段：

1. 巨大骨牌
2. 三大機密
3. 堆疊與成交

　　後面我將介紹這大架構下的三個階段，並在接下來的三個章節個別深入討論，以及提供你運作上的實例。

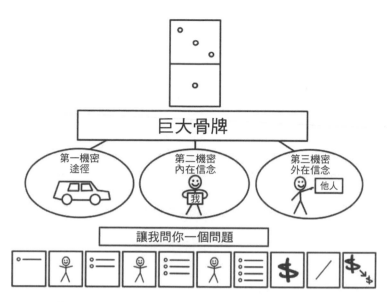

圖 11.2　完美網路研討會的構成有三部分：巨大骨牌、三大機密、堆疊與成交。

　　我在現場活動或網路研討會進行簡報時，通常時間總長是九十分鐘。如果我有九十分鐘的時間，時間軸大致上將如此安排：

　　第一個十五分鐘：開場、巨大骨牌、起源故事
　　第二個十五分鐘：第一機密　途徑架構故事
　　第三個十五分鐘：第二機密　內在信念故事
　　第四個十五分鐘：第三機密　外在信念故事
　　最後三十分鐘：堆疊與成交

如果我只有三十分鐘，就會重新分配時間：

第一個五分鐘：開場、巨大骨牌、起源故事

第二個五分鐘：第一機密　途徑架構故事

第三個五分鐘：第二機密　內在信念故事

第四個五分鐘：第三機密　外在信念故事

最後十分鐘：堆疊與成交

時間比例永遠不變，你可以依據時間彈性延伸故事，加入更多的小頓悟橋故事補充細節，更有力地破除聽眾的錯誤信念。

第一部分：巨大骨牌

在我們進入下一章節仔細討論前，請先記得，銷售簡報目的不在於讓聽眾相信很多事情。設計這場**簡報的目標只有一個：「如果他們想獲得心中渴望的成果，你的新機會是超級關鍵。」**這才是重點。如果你想說服他們相信太多事情，銷售成績必然下滑，適得其反。

傑森‧法藍德安（Jason Fladlien）曾經解釋道：

重點是將你的訊息架構在**單一信念**上，然後一而再，再而三透過不同角度進行多重解釋。

銷售簡報的主要目標就是推倒那張巨大骨牌，這就是關鍵。接

下來你要學到的三大機密，不是讓他們相信新的事情。而是你要運用此工具，以不同的角度攻擊巨大骨牌。這才是完美網路研討會的重點。

你先述說起源故事，告訴聽眾你如何發現新機會，以此作為針對巨大骨牌的首要攻擊。用故事作為演講開場，建立你與觀眾的關係，再介紹他們接下來你要提供的新途徑。

第二部分：三大機密

這個部分是你的銷售會報內容。我先前提過，如果傳遞太多訊息，反而會破壞銷售效果，甚至徹底停擺。這也是多數人受挫的地方，你教得越多越好，銷售反而會成反比下降。

在這三大機密裡，你會學到如何教授自己的架構，這和你在機密 #2 學到的一樣，只有一個例外的地方。當你教課時，你會講你的故事、解釋策略、傳授戰術，並且提供實際例子。但是進行銷售時，就不是這麼回事了，你並不是在教課。所以你會說你做了什麼（策略），但是不會說怎麼做。想知道你怎麼做的觀眾，會在台上銷售演說結束後，湧向櫃檯。

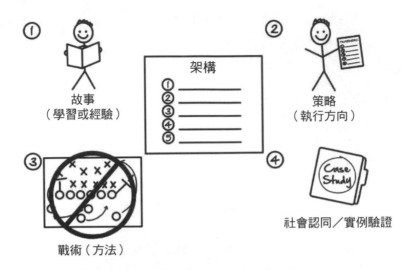

圖 11.3　你分享你的三大機密時，必須分享架構名稱、頓悟橋故事、策略，還有社會認同（social proof）及實例驗證。

　　分享每個故事、策略與實例分析時，你的目標都是為了要破除聽眾的特定錯誤信念，並且在他們的腦袋裡重新改寫正確的故事。你需要從以下三個方向下手，辨識他們的錯誤信念：

1. 途徑（新機會）
2. 他們掌握途徑的能力（內在信念）
3. 阻礙他們前進的首要原因（外在信念）

你要做的，就是分別針對三大機密分享故事、策略與實例。

三大機密

① 途徑　　② 內在信念　　③ 外在信念

圖 11.4　此三大機密是破除顧客錯誤信念的重點，並幫助他們重建新的信念，讓這群人準備好與你一起展開行動。

　　請注意，三大機密的目的不在於教客戶新的東西，而是修正他們對你的提案所抱持的錯誤想法。如果你可以透過簡報演說，破除那些信念，巨大骨牌自然崩落瓦解，他們也會欣然接受新機會。

第三部分：堆疊與成交

　　現在，你的演說從概念教育轉移到銷售的部分了。接下來，要教你運用一種特定方式秀出你的報價，我們稱為「堆疊」（Stack）。把過去的成功案例作為素材，編進你的故事中說服聽眾：為了達成目標他們就必須採取行動。是的，在這階段你會需要使用堆疊投影片（stack slide）搭配銷售演說。

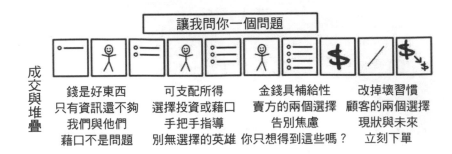

圖 11.5　堆疊與成交能有效說服他人採取你的提案。

　　這就是完美網路研討會的俯視圖。當你精通此方法後，就可以隨時進行精彩的演說。但是，你必須了解每個部分的目標。接下來的三個章節裡，我會將完美網路研討會精細分解，並深入解說。

機密 #12

推倒巨大骨牌

THE BIG DOMINO

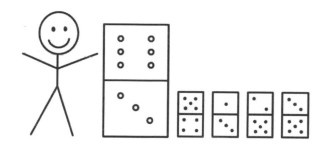

圖 12.1　如果你能讓潛在顧客相信一件事（巨大骨牌），這將能抵銷他們的反對意見，並讓他們買單。

某一天，我有個與一百二十位成功創業者的會議，幾乎在場所有人年營收都超過百萬美元，這是加入會議的門檻。[42] 其中一名出名講者是提摩西・費里斯，也就是《一週工作 4 小時》的作者。在他演講完畢後開放現場提問，有位女士站起身來發問，「嗨，提

姆，你似乎完成很多事了。那麼通常你怎麼規畫一天的行程。」

他沉默了一會兒，接著半微笑半答道，「如果你看到我的行事曆，一定會覺得超無聊的。」

「大部分人的醒來都有上千件事等著要做，」他繼續說道，「他們每天都忙著處理這些事。我的做事方法不同。每天起床，先靜坐。喝茶或咖啡。接著散步，或是讀本書。」他說自己可能會花上三、四個禮拜做這些事，沒有別的。「我的目標是讓自己慢下來，四處觀察。我不想去做所有我能做的事。我只要辨認出巨大骨牌，如果有，只專攻那一件事就好。我負責推倒巨大骨牌，而其他的骨牌會相應崩塌，或是變得無關緊要。」

他的一席話，讓我徹底頓悟。我還無法將他的原則實踐到日常生活裡，但是這對我的銷售哲學來說，非常重要，而且完全正確。當你創造新信念時，你必須先找到能讓人們信服的最巨大骨牌，並推倒它，屆時其他的反對聲浪將不再有任何重量，甚至瞬間蒸發。

不久後，我和好友兼導師佩里・貝爾徹聊天。他告訴我，他如何重新分析檢視在過去十年內，自己公司所創造與銷售的全部提案。

他發現，當他們在提案報告裡提出太多想要對方相信的事情，提案就會變得很糟。事實上，他發現如果要對方相信超過一件事，銷售率就會跟著打折！他說，「你必須好好檢查，要讓潛在顧客買單，他需要相信多少事情。如果超過一件，就重寫你的行銷計畫。」

我們談完之後，我知道得讓團隊重新檢視手上銷售的提案了。

我們問自己，「最重要的那件事是什麼？什麼信念是我們必須推倒的巨大骨牌？」每個商品都有對應的巨大骨牌，只要推倒那張巨大骨牌，所有較小的反對聲浪與抵抗都會應聲瓦解。如果我們可以讓對方相信那件事，那麼他們就會買單。

我在大學上過邏輯課，思考如何用不同方式創造有效的論辯。其中一種有效的論辯方法叫「肯定前件」（modus ponens）[43]，大致意思如下：

如果 A，則 B；
A 為真，
故 B 為真。

如果我想將論辯修飾為句子，那麼句子大致如下：

如果岱林不做完功課，那他就不能和朋友玩。
岱林沒做完功課。
所以岱林沒有和朋友玩。

仔細思考的話，你會發現此論辯無處不在。宗教就是個很好的例子。對基督教來說，一切都取決於《聖經》的真理。如果有人相信，聖經為真實的，那麼他也必須相信耶穌是救世主。如果耶穌是救世主，那麼其他對基督教的疑慮就瓦解了。

如果聖經為真，則耶穌就是救世主。

聖經為真。

所以耶穌是救世主。

作為基督徒，如果我可以讓任何人相信聖經——成為他們內心的巨大骨牌，那麼這個巨大骨牌就會推倒其他反對的小骨牌，小骨牌應聲崩落，並且無法再起爭議。

不過，還不只是宗教如此。政治、運動，乃至所有人類活動皆然。這就是為什麼很難與他人爭辯他們真心相信的事。如果他們內心有著相信的種子，那麼不管你如何說服，他們內心的反對聲浪都會一再推倒你努力堆起的小骨牌。

一個強而有力的論點（巨大骨牌論述）

當我們推出 ClickFunnels 時，我試著思考要讓聽眾理解與相信的主要信念是什麼。我寫下了簡單的論述：

如果我可以讓人們相信我的新機會或品類，是讓他們得到渴望目標的唯一特定途徑與架構，那麼其他的質疑與擔憂都將不再重要，他們自然會買單。

如果我可以讓人們**深信**我的新機會或品類，正是他們最渴望的，而他們**只能**透過我的途徑或架構取得，那麼他們就非得購買不

可。這也是開展你的運動的關鍵。信念。

我的 ClickFunnels 論述如下：

如果我可以讓人們相信，漏斗正是網路公司成功的關鍵，而唯一的方案是使用 ClickFunnels，那麼其他質疑與擔憂都不再重要，他們自然會付錢給我。

如果人們相信自己必須有漏斗（他們確實如此想），而我提供了唯一方案，那麼這些人就會購買 ClickFunnels。他們別無選擇。

我一直從旁協助核心圈的成員，教他們如何為自己的公司創造論述。我們發現，如果有效論辯難以產出，多半是因為我們提供的是改進版提案，而非新機會。如果我們不創造藍海，那論辯就會無效。

舉例來說，我看過類似的論述：

如果我可以讓人們相信，降低卡路里攝取與運動是減重的關鍵要素，而他們唯一成功的方式是參加我的減重課程，那麼所有的質疑與憂慮都將不再重要，他們會付我錢。

此論述並非事實。

如果你想說服他們相信「關鍵是必須降低卡路里與運動」，這會面臨到幾個困難。

- **你不在多產區域**，而是主流區域。
- **這不是新機會**。有上千個計畫同樣主張「減掉卡路里與運動」的論述。
- **這不是藍海**。消費者可以買上百種其他產品滿足這個信念。

真正的利基與機會必須創造以下這樣的狀況：

如果我可以讓他們相信，酮症才是減重的關鍵，並且唯一的方法就是透過我的專屬架構，讓身體在十分鐘內進入酮症狀態，那麼所有的質疑與憂慮都不再重要，他們將會付我錢。

如何推倒巨大骨牌

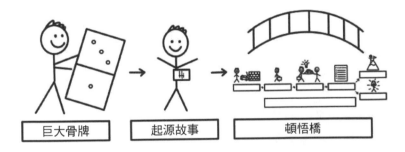

圖 12.2　為了要推倒巨大骨牌，你必須先分享自己的頓悟橋故事，說說你如何發現新機會。

現在你必須辨識出這個：觀眾聽完你的報告後如果要採取行動，他們必須改變的想法是什麼？你要以此設計所有內容，並在他

們腦袋中重寫一個嶄新、具有影響力的故事，這會為他們帶來好處。

　　通常，我會用 PowerPoinrt（PC 專用）或 Keynote（Mac 專用）進行，或是我最愛的 Google Slides，不管哪種電腦都可行。接下來我會用一張張投影片解說每個部分，闡述其背後概念。如果你正準備網路研討會，這些內容或許可以給你一些想法。如果你希望運用此腳本作為銷售信件或其他行銷規畫，可以利用投影片提醒自己每個階段的目標為何。

　　在報告開始的十五分鐘（或六分之一），必須試著藉由起源故事推倒巨大骨牌。我們把這段時間拆解為兩部分：開場與起源故事。

巨大骨牌投影片

　　在我開始準備演講前，會先思考觀眾是誰，以及如何引誘他們參與並觀看這場簡報？

　　對象與內容陳述句：首先我會先寫下對象與內容陳述句，並快速確認我的目標對象是誰，以及他們將得到的新機會是什麼。內容大致如下：

我要教_____（填入次級市場）

透過_____（填入利基）

達到_____（填入結果）

```
┌─────────────────────────────────────────────────────────────┐
│                    對象與內容陳述句                              │
│  我要教  ⟨ 次級市場 ⟩  透過  ⟨ 你的利基 ⟩  達到  ⟨ 結果 ⟩。      │
└─────────────────────────────────────────────────────────────┘
```

圖 12.3　你的對象與內容陳述句會幫助你快速辨識出目標客戶、你能提供的結果，以及你創造的新機會是什麼。

以下提供兩個撰寫對象與內容陳述句的實例。

我要教不動產投資者，如何透過 eBay 炒房賺錢。

我要教厭倦節食的人，如何透過喝酮獲得能量並減重。

投影片 1：標題

圖 12.4　第一張投影片先重點交待你的網路研討會主題。

下一個好標題，帶出機會轉換：現在你知道對象與內容了，接著必須對這課程下一個性感的標題，吸引你的夢幻顧客。我會試著讓標題與這場簡報要推動的目的有關。我會如此填空：

　　如何做到 ＿＿＿＿（他們最期望的事），而且不必 ＿＿＿＿（他們最恐懼的事）。

　　在我的 ClickFunnels 大師班裡，我的標題如下：

　　如何在不到三十分鐘內創造獲利七位數的漏斗，而且不必看技術人員臉色。

　　如果要做漏斗腳本報告，標題可以這麼寫：

　　如何在短短十分鐘內完成行銷信件、腳本、網路研討會簡報、email 與廣告撰寫，而且不必雇用超貴的文案寫手！

　　以下提供幾個不同利基市場的例子：

- e Bay 炒房：如何用一個週末在 eBay 炒賣你的第一間房子、快速獲利 1 萬美元，而且不必向銀行貸款。
- 協助注意力不足過動症（ADHD）孩童：如何自然地讓孩子擺脫注意力不足過動症、讓他們得到高分，而且不必放棄他

們最愛的課後點心。

- 伴侶關係指導：如何與你的太太重新連結、重燃婚姻熱情，而且不必浪費時間在諮商室爭論不休。
- 靠酮減重：如何不運動又能輕鬆減重，善用讓身體迅速進入酮症的小技巧，而且不必放棄你最愛的碳水化合物。

　　你幾乎可以將任何達成機會轉換的簡報代入這架構，並快速寫出讓人感興趣的標題。另外還有許多架構可以協助你創造標題。我在《網路行銷究極攻略》曾以一整章討論標題腳本，或是你也可以用 FunnelScripts.com 網站提供的漏斗腳本軟體，快速創造出標題。

　　嗨，大家好！歡迎來到網路研討會。

　　我是＿＿＿＿，今天我想要向你介紹＿＿＿＿，如何達到＿＿＿＿，而且不必＿＿＿＿＿。

投影片 2：開場，建立關係

　　之前你已經學過布萊爾·瓦倫的「一句話就說服人」策略。你記得他這麼說的，「如果有人能鼓勵自己完成夢想、合理化錯誤、消除恐懼、認同自我的懷疑，並打擊敵人，我們就會願意為對方赴湯蹈火。」我希望能運用這個道理，在演說的一開始就與聽眾快速建立關係。我的方法如下：

圖 12.5　這些投影片有助於讓你與參加者拉近距離、建立關係。

合理化他們的錯誤：「我相信對你們之中的很多人來說，這絕對不是第一場網路研討會。首先我想要先說，如果你以前曾經想_____，卻失敗了，這不是你的錯。我們面對的資訊量太多，很多時候讓人疑惑。而過於龐大的資訊量，導致我們無法成功。沒關係的。」

消除他們的恐懼：「如果你過去因為害怕，而無法做到_____，我希望你不要擔憂。你做得到。你需要的只是一個可以提供正確解釋的人。」

打擊他們的敵人：「大公司讓你誤以為，你需要高額風險投資或大學學歷才能成功。我告訴你，他們錯了。他們當然希望你這麼

想，不過這不是真的。」

認同他們的自我懷疑：「如果你懷疑政府或銀行是否想看到你失敗，你想得沒錯。你的成功對他們沒好處。他們希望你深陷債務之中，並且不斷尋求幫助。而我們不同，我們希望你成功，並衷心希望你擁有理想的生活。」

鼓勵他們的夢想：「所以，這是我們今天相遇的原因。我知道你有一個夢想，你期望改變世界、帶來自己的貢獻，而我將教你如何透過網路研討會實踐夢想。」

投影片 3：價值量尺評估

圖 12.6　　清楚直接地說明你的新機會要提供給誰。

我把這階段的投影片稱為「量尺」。聽眾會以一套價值量尺判斷你的網路研討會好壞。假如你不告訴對方自己的目標,即便你講得天花亂墜,他們很有可能還是相當不滿,因為你的目標根本與他們不同。因此我喜歡一開始就說清楚目的,那就是我希望他們從演說中獲得的資訊。如果我們的目標不同,那麼他們可以選擇離開。

我們的目標就是讓對方知道有這個新機會,將滿足他們最豐厚的願望、提升地位,並幫助他們達成目標。我也希望這個機會能包容所有不確定自己所處位置的參與者。我不希望有任何人暗自揣測,「這討論會適合我嗎?」我希望他們一開始就清楚了解這絕對適合自己。

我這場報告的目標是幫助兩種人。一種是初學者,你會得到_____(簡報的目標或新機會所提供的內容,以及如何滿足他們的欲望)。另一種是較資深的參與者,你會得到_____(其他選項)。

有些時候,我會一起涵蓋初學者與進階者,但有些時候,兩者分屬不同市場。舉例來說:

如果你開零售店,你會從我的報告得到_____。
不過如果你開的是網路商店,那麼你會從我的報告得到_____。

投影片 4：巨大骨牌登場

圖 12.7　開始分享你的巨大骨牌論述。

接下來的簡報通常會是我的目標的延伸，我會在這個階段揭曉巨大骨牌的真實面目。請記得，觀眾必須深信你的特定途徑是唯一能滿足其欲望的方法。你還記得先前寫的巨大骨牌句子嗎？句子大約是如此：

如果我可以讓人們相信我的新機會，是讓他們得到渴望目標的唯一特定途徑，那麼其他的質疑與擔憂都將不再重要。

我在這個階段的簡報重點，就是讓他們相信，我提供的新機會正是他們要達到目的的重要關鍵。

在接下來的九十分鐘裡，我的目標是讓你相信，（新機會）正是讓你達成（最重要目的）的關鍵鑰匙，我會向你介紹如何使用我的專屬架構，如此一來，這將讓你以最簡單的方式達成目標。

投影片 5：自我認證

圖 12.8　在這張投影片分享你的背景故事與專業認證。

在此階段你必須拿捏得當，因為要破壞聽眾與你之間的關係最快的方法，就是大談自己的偉大事蹟，不過讓他們知道你為什麼有資格成為他們的領導者，仍是必要的環節。我會快速介紹自己一、兩件比較重要的資歷，但很快就會進到我的背景故事，讓對方了解我也是從和他們一樣的地方開始的。

在過去_____幾年裡，我把握住了很好的機會（你因為新機會，而有了一些不錯的成績），並幫助其他人（介紹你做過什麼很棒的計畫協助他人），不過事實上，事情並非一直如此順遂，很多年前我像你一樣……（進入背景故事）。

投影片 6：頓悟橋起源故事

圖 12.9　接著，用這組投影片講述你的頓悟橋起源故事。

從這個階段進入你的背景故事，講述自己的第一個頓悟橋故事。向對方分享幫助你發現新機會的起源故事。

前面我們已經用一整個章節討論頓悟橋腳本，在此不再重複，不過我通常會用至少一張投影片，討論腳本裡的十四個步驟。

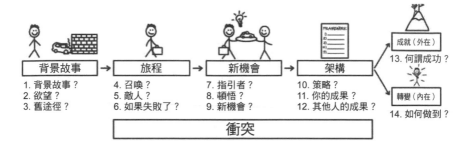

圖 12.10　只需寫下十四個步驟的每階段要點，就可以開始說你的頓悟橋故事了。

　　這是你推倒巨大骨牌的首次嘗試。有些人聽完故事後，會跟你一樣擁有同樣的頓悟，並且在你結束故事時，準備好展開行動。在這之後，你說的所有故事都會增強他們的頓悟感。

　　在此階段，你應該花了十五分鐘進行簡報（演講總長的六分之一）。你第一次試著說服聽眾相信你提供的新機會，現在我們該進入下一個階段的腳本了，你將帶領他們理解所謂的途徑、內在及外在架構，並幫助他們擊垮巨大骨牌。

推動成交的三大機密

THE THREE SECRETS

圖 13.1　如果巨大骨牌沒有崩塌，就試著先破除聽眾的其他錯誤信念。

　　如果事情順利的話，在你解釋新機會時，你已然知道對方的巨大骨牌為何，你告訴他們頓悟橋故事，建立了新的信念，那麼巨大骨牌順應崩落，你就此獲得極度忠誠的消費者或追隨者。也就是說，你只講了一個好的頓悟橋故事，從此獲得徹底的信任。但是很

多時候，你要改變對方的巨大信念時，他們就會立刻產生其他質疑。尤其是機會相當珍貴，並需要進行徹底的生活改變時，往往不可能如此順利。

步驟一：辨識出人們的三個主要錯誤信念

我發現，即使對方相信新機會確實對他們有益時，往往仍會面臨三大錯誤信念阻礙他們買單。

① 途徑　　② 內在信念　　③ 外在信念

圖 13.2　**你的目標對象會對途徑、自己運用途徑的能力與外在影響有所質疑，如此的質疑將阻礙他們取得成功。**

- **途徑**：他們對於途徑架構或新機會，存有錯誤信念。
- **內在信念**：他們對於自己應用新機會的能力，抱持著錯誤信念。
- **外在信念**：他們對於阻礙自己成功的外部力量，存有錯誤信念，通常是超越他們可控範圍的力量，例如時間或經濟條件。

在機密 #10，對應夢幻顧客可能存有的錯誤信念，你已經開始列出自己的故事清單。你將使用上述故事建構演說內容，重新改寫那些阻礙他們成功的故事。

新機會：網路行銷

錯誤信念鎖鏈	經驗	故事	新的頓悟橋
途徑：網路行銷行不通	我試著要我媽加入。她很生氣。	如果我嘗試網路行銷，我會失去家人。	你可以利用網路產出潛在顧客名單！
內在：我不敢和人說話	打電話給潛在顧客很尷尬。	行銷很痛苦。	你可以透過email行銷！
外在：我的朋友不願意加入	他們以前嘲笑過我。	可能會失去好友。	你可以在網路上找到有興趣的潛在客戶！

圖 13.3　上述例子顯示了當我們介紹潛在顧客網路行銷時，他們可能會有的三個主要錯誤信念，而我們可以用新的頓悟橋故事破除其舊信念。

　　請你回顧機密 #10 條列的錯誤信念，並試著判斷是哪些階段的信念讓巨大骨牌遲遲無法崩塌。然後，針對每個主要錯誤信念創造頓悟橋故事，也為其他錯誤信念創造頓悟橋小故事，作為補充。

　　讓我解釋它們運作的原理。如果我要使對方相信漏斗是讓公司成長十倍最有效的方法，我必須先講關於「漏斗是全世界僅次於切片麵包的偉大發明」的頓悟橋故事，以下是潛在客戶在每個階段可能出現的錯誤信念。

錯誤信念 1：途徑

漏斗聽起來很不錯，但可能不適合我。

錯誤信念 2：內在信念

我相信漏斗，但我技術不強，應該做不出來。

錯誤信念 3：外在信念

我相信我可以建造漏斗，但就算可以，我也不知道如何把流量引導到漏斗裡。

步驟二：寫下三個頓悟橋故事

現在我有三個主要錯誤信念，我必須找到可以破除錯誤信念鎖鏈的頓悟橋故事，並為潛在顧客重寫新故事。

錯誤信念 1：我不知道這為什麼適合我

在此階段，我會分享我如何學習途徑的頓悟橋故事。

我會說些東尼·羅賓斯、波特·史丹斯貝利（Porter Stansberry）的故事，向聽眾展示如何模仿成功。還有我的漏斗駭客故事，描述我們如何參考 Marine-D3 漏斗，並建構出自己的 Neuracel 漏斗，讓聽眾們明白，即便市場上沒有任何成功漏斗存在，仍有機會成功。

接著我會講解我的架構，先不提戰術，但聚焦在策略上。

錯誤信念 2：我不懂技術

在這邊，我會分享自己如何突破內在錯誤信念、停止質疑自己技術不強的頓悟橋故事。

我會提起以前我擁有一個較大的技術團隊負責建蓋漏斗，但是養團隊非常傷本。直到有了 ClickFunnels 後，情況產生了轉變。

接著，我會跟他們介紹建蓋漏斗的架構（策略），藉由展示產品影片，他們就會知道這有多容易，任何技術不強的人都能夠輕鬆勝任。

錯誤信念 3：我不知道如何引導流量

在這邊我會分享自己如何克服面對外在環境的錯誤信念、停止質疑自己無法引導流量的頓悟橋故事。

故事內容是關於我如何透過逆向工程從競爭對手那裡得到流量，輕輕鬆鬆在同個地方獲得流量。

接著我會提供對方我的架構與背後策略，如此他們將能為自己的漏斗引導流量。

步驟三：寫下三大機密破解信念

最後，我會將每個錯誤信念與相關頓悟橋故事改寫成「大機密」，而且我會運用「要如何……」的陳述句，暗示我的架構將會成為他們成功的關鍵。好奇心正是關鍵；我會確保這樣的機密能吸引到對方注意，並仔細聆聽。

以下示範是我針對三個主要錯誤信念，重新改寫成我的三大機密：

第一機密——漏斗駭客

要如何以符合道德的方式，用低於 100 美元的價格，從競爭對手那裡竊取價值超過 100 萬美元的漏斗駭客？

第二機密——漏斗複製

要如何在十分鐘內複製出經過（ClickFunnels）驗證的漏斗？

第三機密——最強的流量駭客

要如何將正往競爭對手移動的同批消費者，引導到你的漏斗內！

上述內容正是建立簡報腳本所需的基礎。你已經辨識出了巨大骨牌，也就是讓人們可以信服你的訊息，並破除支撐巨大骨牌的三個主要錯誤信念。接著你將使用故事，系統性地推倒構築巨大骨牌的錯誤信念群。

當上述三大錯誤信念都被推翻後，巨大骨牌也再難屹立不搖。隨著原本的巨大骨牌倒下，你必須將行動的信念傳遞給對方。你的任務就是破除錯誤信念模式，並為夢幻顧客重新建立正確的信念。

破除並重建信念模式

到目前為止，你所做的一切都是為了鼓勵好奇心、建立關係，並介紹新的機會。現在，我們將進入簡報的內容。你很有可能不小心開啟了老師模式。如果不留意的話，這很可能會搞砸你的行銷。

這不是教學簡報，而是鼓勵他人採取行動、改變生活的演說。你可以教導策略（執行方向與內容），但是別教他們戰術（執行方法）。

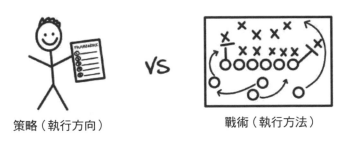

策略（執行方向）　　　戰術（執行方法）

圖 13.4　在你的完美網路研討會中，可以傳達你的架構策略（做什麼），而非戰術（怎麼做）。

傳授戰術是在客戶購買*之後*的事情。如果前面先這麼做了，那絕對會扼殺銷售。記住，你的重點是提供一個架構策略，然後專注於辨識該策略背後的錯誤信念模式，打破它們，並以真確的信念重建。假如不在一開始先打破聽眾對策略的錯誤信念，後面不管你給出多少策略，他們永遠不會成功。他們必須先相信你，否則一切都毫無意義。

我知道，對某些讀者來說，這樣的想法讓人不滿意，甚至感到

排斥。我一開始推銷自己的產品時，就非常清楚這將改變別人的人生，所以立刻採取了教學模式。我認真教一堆自己拿手的東西，也以為觀眾聽完以後，肯定會興致勃勃想了解更多。對吧？錯！

相反的，對方確實會評價課程很棒，但由於我沒有重寫他們腦袋裡的故事，所以他們後來又回到舊有模式了。這滿慘的，他們距離重獲新生僅有咫尺，只因為我在他們徹底改變前就揭曉了戰術，毀了一切。我越試著盡力提供幫助，反而越會造成傷害，因為他們無法轉移自己的信念、沒有購買任何東西，也不可能真正改變自己。那時的我，是個失敗的專家與教練。

在《新約聖經》裡哥多林前書第 3 章第 2 節，保羅和哥林多人說，「我是用奶餵你們，沒有用飯餵你們。那時你們還不能吃。」若他當時給的是肉，他們根本無法消化，這句話用在你的夢幻顧客身上有著同樣的意義。你必須先改變他們的信念，接受策略，接著再改變他們的人生。如果不先改變其信念，是不可能改變他們的人生的。

我真的相信你所能提供的最好服務，就是讓他們買你的商品。購買，本身帶來了承諾，並促成他們改變。

有很多朋友都是我的免付費成員，而坐在他們旁邊的人則是繳了 5 萬美元的會員。奇怪的是，這些朋友絕大多數人都沒有將講座所得的內容，轉化為事業上的成功。一個都沒有。但是那些付費會員的成功率卻幾乎是百分之百。

我的早期導師之一比爾・葛拉澤（Bill Glazer）曾經說過，我的教學其實是在阻礙他們取得成功。當時我非常困惑，直到多年以

後，我才理解他的話，並改變我的做法，直至成功的到來。

多年以來，我慢慢學會如何架構自己的內容，使其既有啟發功能又能教導目標對象，更重要的是，我讓課程真正促成了對方採取行動。對某些人來說，可能會感到奇怪，因為你似乎必須保留真正絕佳的戰術。但是你必須了解到，這種演說的方式其實正是讓對方改變的基礎。

記得第一次使用此方法教學時，我感到相當沮喪。但演說結束後，有兩件相當特別的事發生了。

首先，我的成交從個位數上升到百位數。其次，超過十倍以上的參與者告訴我，講座內容改變了他們的生活。

這滿有趣的。儘管我還沒告訴他們戰術，但我破除了他們數年來的錯誤信念，那些信念一直以來都在阻擋他們接受嶄新、更具力量的機會。這才是最純粹的教學形式，只是和你以前所認知的不同。等時機對了，就能傳授戰術了。但是你得先讓顧客們接收到正確的信念系統。

啟動「三大機密」投影片：內容導向

對很多人來說，起源故事帶起了他們很大的期待，但是你接著介紹新機會時，否定與錯誤信念又會立刻浮現他們的腦中。此時，你必須將網路研討會轉往內容取向，開始破除並重建他們的錯誤信念模式。

投影片 7：轉換至三大機密，進入內容

圖 13.5　在投影片中列出三大機密。

　　請介紹你要傳授觀眾的內容。前面你已經列好機密的標題，因此只要將標題代入，並向觀眾介紹就行了。舉例如下：

接下來的四十五分鐘，我想教你們以下內容：

第一機密──漏斗駭客
　　要如何以符合道德的方式，用低於 100 美元的價格，從競爭對手那裡竊取價值超過 100 萬美元的漏斗駭客？

第二機密──漏斗複製
要如何在十分鐘內複製出經過（ClickFunnels）驗證的漏斗？

第三機密──最強的流量駭客

要如何將正往競爭對手移動的同批消費者，引導到你的漏斗內！

投影片 8：陳述第一機密

圖 13.6　這張投影片用來說明打破舊途徑錯誤信念的第一機密。

你可以很快地寫出第一機密。

第一機密──漏斗駭客

要如何以符合道德的方式，用低於 100 美元的價格，從競爭對手那裡竊取價值超過 100 萬美元的漏斗駭客？

準備介紹你的第一個架構（途徑）

在下一組投影片中，將呈現你在起源故事所提到的第一個架構。

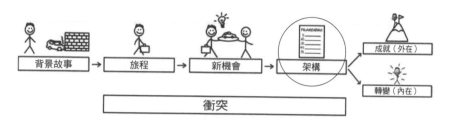

圖 13.7　這裡你所要分享的途徑架構，與你在頓悟橋起源故事提到的架構一樣，那時你解釋了你如何發現了這個特定架構，從而利用新機會取得成就。

他們已經聽你提過，了解你與他人都透過此架構獲得成果，也知道這過程如何為你帶來徹底轉變。上述資訊會成為你介紹給聽眾的第一個架構。

13.8　介紹途徑架構名稱，說出你的頓悟橋途徑故事、講解策略，並分享社會認同與實例。

在此階段我們會介紹架構，分享研發歷程、傳授策略，並展示他人如何應用架構的實例。

投影片 9：介紹架構（途徑）

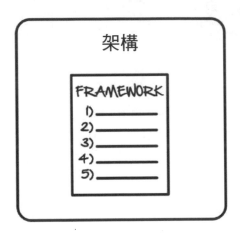

圖 13.9　介紹架構名稱的投影片。

這張投影片的主要功能是向聽眾介紹即將討論的內容。他們已經聽過你最開始的頓悟橋故事，因此你只需再次提醒他們，並且帶出架構名稱。他們將從這裡開始做筆記，以及保持開放態度學習。

還記得之前我曾經提過幫助我達到（理想目標）的架構嗎？請拿出紙筆並做筆記，因為我將帶你思考此架構。我稱它為（你的架構之專屬名稱）。

在此處，你還不需要教他們架構背後的策略，只要簡單介紹架構名稱，並提醒他們這優秀架構為你帶來的幫助。

投影片 10：頓悟橋故事（途徑）

圖 13.10　在這投影片分享你的頓悟橋途徑故事。

現在聽眾已準備好要學策略，你可以稍微退後一步，跟他們說說自己如何學到此架構、或投入發展架構的故事。如果沒有這個預先架構，聽眾就無法明白你所分享的資訊有多珍貴。

頓悟橋起源故事 vs. 頓悟橋途徑故事

很多人無法分辨兩者之間的差異。起源故事講述你如何發現新機會，並從中創造架構。而頓悟橋途徑故事則是闡述你如何發展架構。

頓悟橋起源故事

在我創立 ClickFunnels 的網路研討會裡，我分享了馬鈴薯槍的起源故事。簡短版本如下：

背景故事：我想賺錢養老婆。

旅程：我開始賣馬鈴薯槍 DVD，但 Google 廣告讓我跌一跤。

新機會：費沙米跟我說了向上銷售的故事，我因此發現漏斗。

架構：我建造漏斗架構，並讓我的公司成長。

成就：我賺了很多錢，我老婆也因此能在家專心當全職媽媽。

頓悟橋途徑故事

我講的第二個頓悟橋故事則是關於途徑架構。從無到有，我是怎麼發現的呢？對參加簡報的人來說，我的頓悟橋架構的精華如下：

背景故事：東尼‧羅賓斯和一群成功者講了個故事。

旅程：我開了間補給品公司，但經營不順。

新機會：於是我針對商業敵手進行漏斗駭客，加以鑽研並模仿測試，最後我與團隊我改造出可獲得十倍收益的漏斗。

架構：如何執行漏斗駭客？

- 步驟一：找到想參考的目標漏斗。
- 步驟二：執行漏斗駭客（買該產品並仔細觀察其結構）。

- 步驟三：打造你需要的漏斗藍圖。
- 步驟四：在 ClickFunnels 內蓋出漏斗。

成就：我和其他漏斗駭客社群成員，都因此有成功的故事可以分享傳播！

你會發現，我先說了架構的故事，接著才展示每個步驟的架構策略。

投影片 11：策略教學（途徑）

圖 13.11　這組投影片負責傳授架構的策略（執行方向和內容）。

這階段是說明架構的每階段策略。通常如果時間允許，我會再多講述架構中某些步驟的頓悟橋小故事。舉例來說：

步驟一：找到想參考的目標漏斗。

步驟二：執行漏斗駭客（買該產品並仔細觀察其結構）。

背景故事：我發現一個可進行漏斗駭客的補給品。

旅程：他們的漏斗並不完美。我參考並鑽研其模式後，得到了還可以的結果。

新機會：我找到表現很好的補給品漏斗。

架構：我逐一模仿其外觀、質感、排版與定價。

成就：此漏斗在一夕之間得到十倍量的銷售。

步驟三：創造你需要的漏斗的藍圖。

步驟四：在 ClickFunnels 內建造漏斗。

　　你應該會注意到，我是向觀眾展示這個過程中做了些什麼（找到漏斗、買漏斗、創造藍圖、在 ClickFunnels 中建蓋漏斗），不過我沒有向他們展示戰術。如果我要展示戰術，就應該教他們怎麼找漏斗、如何辨識好的漏斗進行參照，或是我如何評價漏斗，例如結構和設計這些項目，也就是「如何做」，這必須留到付費教學課程。如果你在這裡花時間教戰術，就會失去這些顧客。再說一次，你的唯一目標是讓這群潛在顧客相信你的策略會對他們有用。等他們相信後，你才在訓練課程內教他們戰術。

投影片 12：案例分享（途徑）

**圖 13.12　**這組投影片的目標是分享其他人使用你的架構、並獲得成功的案例。

在這階段，你可以說說其他人使用你的架構獲得成功的案例，以及他們遵照架構後得到的成果。

投影片 13：其他輔助頓悟橋的小故事

前面你分享了頓悟橋故事，解釋你如何發現架構，並且教授架構背後的策略。如果時間允許，你還能分享更多小故事，加強破除其他途徑架構的錯誤信念。這些小故事應該都已存在故事清單內了。是時間重新回顧那份故事清單了，加以運用，破除聽眾對於途徑可能抱有的其他錯誤信念。

圖 13.13　這組投影片用來破除其他的錯誤信念。

我從傑森‧法藍德安那裡學到一個好方法。當時我們在做網路研討會，他把自己所聽到的所有質疑都記錄下來。在討論會最後，他花了將近九十分鐘推翻每一個質疑。他會這麼說，「你可能會認為（填入錯誤信念），對嗎？好吧，那我來說說（快速講個頓悟橋故事）。」

你可能會認為要引導流量需要很多資本對吧？

好吧，其實你每天只需要一百次點擊。

你可能會認為自己需要會寫程式對吧？

好吧，其實你只要在 ClickFunnels 內，模擬別人的漏斗就行了。

他甚至開始講其他我在課堂上根本沒提到的錯誤信念，數目大概逼近五十個吧。那時我冷汗直流，因為我們的演說已經講三個小

時了，而且他依然滔滔不絕。聽眾會怎麼想呢？不過接下來發生的事，令我大為訝異。

在網路研討會的最後，我們發現在他推翻質疑的那九十分鐘裡面，銷售量是討論會前九十分鐘的三倍之多。在我們直播的三小時內，徹底破了紀錄。他不斷地推翻聽眾內心的質疑，直到事情無比清晰。所有人都被說服了。

我後來跟核心圈成員提起了這個經驗，很快地，布萊登與凱琳・寶林加以運用這點，在分享每個機密故事後，加入另一個小的頓悟橋故事加強力道。根據他們的回報，這個小技巧令網路研討會的銷量上升一倍以上！

因此，請回到你在故事清單內列出的錯誤信念，找到與機密主題有關的故事，並且用這些故事破除聽眾的錯誤信念，鼓勵他們採取行動改變。通常我們會花三十秒到六十秒講這些故事。只要提起錯誤信念，並用幾個短短的句子講個小故事，說明為什麼這想法是錯的，而真相又是什麼。

投影片 14：介紹你的第二套架構（內在信念）

圖 13.14　在你結束第一機密後，你會以相似流程進行第二機密。

進入第二機密（破除內在錯誤信念）時，大致情況一樣，因此我只列出個別步驟如下：

- 陳述第二機密
- 介紹架構名稱
- 分享你如何學習或獲得架構的頓悟橋故事
- 傳授架構的策略
- 分享案例
- 分享其他輔助性的頓悟橋故事

唯一的差別是你會分享關於內在架構的頓悟橋故事。讓我給你一個例子，這樣你就能以同樣方式進行簡報。

在我的漏斗駭客簡報中，在講完我的起源故事、並教導漏斗駭客架構背後的策略後，如果聽眾們的公司想在網路成長，此時他們都會開始相信自己需要漏斗。因此，他們內心逐漸浮現內在的錯誤信念，例如：「我的技術不強，我應該蓋不了漏斗。」這時我就會介紹我的架構，讓他們相信要輕鬆蓋出漏斗並非難事，一切都是有可能的。

背景故事：我以前會雇用高薪的工程師與設計師。

旅程：我的夥伴陶德說他可以設計軟體，並讓一切更簡單。

新機會：他完成 ClickFunnels，連我這種人也能輕鬆蓋漏斗。

架構：如何在十分鐘內做出漏斗？

步驟一：選擇你喜歡的模組（或用我們所分享的漏斗）。

步驟二：拖移元素，讓模組符合你的品牌。

步驟三：在每一頁放進你的文字和圖片。

步驟四：確保版面在手機上也很好瀏覽。

步驟五：完成漏斗了！

成就：沒有任何網路技術的我，在短短十分鐘內也成功讓漏斗上線了！

投影片 15：介紹你的第三組架構（外在信念）

圖 13.15　在你完成第二機密後，再以同樣方式進行第三機密。

再一次，我們進入第三機密（破除外在錯誤信念），運用與前兩大機密相同的方式組織投影片。

- 陳述第三機密
- 介紹架構名稱
- 分享你學到或體驗到的頓悟橋故事
- 教授架構的策略
- 分享案例輔助的頓悟橋故事

第三機密是關於消費者的錯誤外在信念。他們相信漏斗是對的途徑，但他們害怕有其他外在阻礙會讓他們無法取得成功。例如，我的消費者可能會有類似的錯誤信念，「我相信我可以蓋漏斗，但是就算蓋好，也不知道如何引導流量。」第三機密介紹我的架構，

並協助他們引導流量。

背景故事：我蓋好漏斗了，但要得到流量好難。

旅程：我試過 Google、臉書與其他廣告，都沒有成功。

新機會：我找到一個軟體，能知道商業對手在哪裡下廣告，我也可以在同樣地方下廣告！

架構：如何讓商業對手漏斗內的消費者轉移到你的漏斗。

步驟一：找到擁有你的夢幻顧客的商業對手。

步驟二：找出他們在哪裡下廣告。

步驟三：觀察他們廣告的外型，並學習模仿。

步驟四：在競爭對手買廣告的地方跟著下廣告。

成就：你不用學關鍵字、興趣目標和其他技術，就能讓夢幻顧客進入漏斗內！

這就是你要在網路研討會演說的內容流程。如果你做對了，觀眾就會相信你的途徑正是他們得到渴望目標的關鍵。他們應該也會相信自己做得到，並且沒有任何外部阻礙可以妨礙他們成功。如果一切順利，這群人自然會掏腰包，向你學習戰術，並實踐你所教授的策略。

接著，最後一步是提供產品提案。你已經開始進行簡報大約一小時了（或是六分之四），現在你還有三十分鐘（六分之二），執行堆疊並成交。這群人快被帶到終點線了，現在你必須好好呈現提案，並讓他們說出：「**我願意！**」

堆疊與成交

THE STACK AND CLOSES

　　我坐在芝加哥某研討會的擁擠現場後方,聽著一位大師演講(後來成為我的導師之一)。聽說他是全世界最能成交的演講專家,我一直希望能親自一睹其風采。現場大約有一千名參加者,人人手上都拿著筆記本,等著記下精彩重點。

　　那名導師是阿曼‧莫林(Armand Morin),我曾經見識過他在 1,000 美元的課程上成功說服一半的學生買單。當時學員們一窩蜂湧向會議廳後方,造成至少三十分鐘的下單風潮,直到所有人都心滿意足離去。

　　我在會議廳的角落等待所有人離開,好與阿曼說上幾句話。當我走向他時,他手上的訂單滿滿一大疊,雙手幾乎要抱不住了。

　　「你知道這是什麼嗎?」他問我。

　　「訂單嗎?」我回答,心想這問題也太怪了。

「不是，每張都代表 1,000 美元噢。」他笑答。

我被震撼到了。當時我已經花了一整年的時間到處演講，但我最高的單日成交量也大約只有 1 萬 5,000 美元而已。他雙手捧著的可是 50 萬美元的訂單呢。不過他接著立刻進入我們會面的主題。

「兩個禮拜後你在大研討會（BigSeminar）的演講，我認為你可以做到成交超過 10 萬美元，但你必須改變銷售的方式。」身為世界上最謙卑受教的人之一，我很興奮於他願意對我提出建議。「你有注意到我在演講最後半小時做了什麼嗎？」他問。

我的頭腦開始搜索，極力想思考他要說的是什麼。「噢，我不太確定耶，好像想不起來。」我老實回答。

「我做的是**堆疊**。」他接著向我解釋堆疊是什麼，最後還加了句，「如果你在我的活動用堆疊，你也會看到人群一窩蜂湧向櫃檯。」

我寫了筆記，並希望下一次演講時可以盡量使用他的意見。兩週後，我參加了阿曼·莫林辦的大研討會。這對我可是意義深遠，因為早在三年前，大研討會就是我人生中的第一場研討會。當我坐在講台下時，我幻想有天自己也能成為講者，而這一切終於成真了！

我用平常的方式演講，接著在最後的一小時內，進入堆疊部分。雖然這感覺有點傻，不過當我結束時，人潮真的開始往會議廳後方快速移動，並購買我的服務！我越深入講解堆疊，人潮就越洶湧，當我結束時，排隊區已經人滿為患。那是我第一次成功達到演講成交潮，我在單日賺進六位數。從那一天起，每次演講我都會使用堆疊。

堆疊的心理學

阿曼告訴我，堆疊的概念就是，潛在顧客只會記得你所介紹的最後一件東西。他解釋多數的銷售展示都會聚焦在核心提案，接著提供一系列的超值方案，最後鼓勵大家採取行動。

問題在於，如果人們只記得住你展示的最後一樣東西，那麼他們也只記得住最後的超值選項，於是顧客就會把提案的價值與最後的超值選項做連結，而不是完整的提案。

堆疊可以解決這問題，藉由以不同結構方式組織產品提案與超值方案。一切就從機密 #5 製作的堆疊投影片開始。

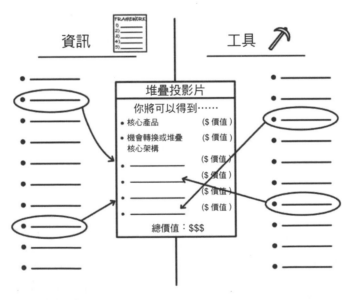

圖 14.1　在同一張投影片中逐一加入不同超值項目時，潛在顧客也親眼看到了價值的增值狀況。

當你快逼近成交時，你必須帶觀眾仔細檢視提案。這時可以先介紹提案的第一部分，說說你創造這個新機會的背後故事，接著在投影片上加上此項目，讓它成為總價值的一部分。

接著進入提案的第二部分，談論到你如何發展新機會的過程故事，接著回到堆疊投影片，並將項目 1 與項目 2 加總至新總價值內。

圖 14.2　在一張投影片上加上所有項目價值，能讓潛在顧客將你的銷售提案與所有項目的價值建立連結，而不是只記得你說的最後一件事。

講解提案內的每個項目都要這麼做，並把它們加入到堆疊投影片內，讓聽眾親眼看到價值加總的過程。**最後你所展示的，就是堆疊投影片所含的總價值，而非價格**。如果你以此方式呈現，觀眾會聚焦在你提供的**整體提案**上，而不是你銷售尾聲提及的最後一件事。

比起你做的其他任何事情，這個小小的動作將會大大提昇你的提案銷售量，可說是奇招。接著我們來瀏覽一下這部分的投影片腳本。

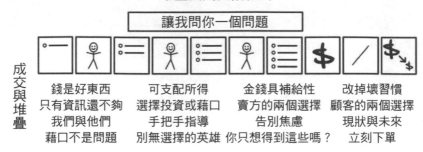

圖 14.3　講完巨大骨牌與三大機密後，就可以進入堆疊與成交階段了。

投影片 16：開始進入銷售

圖 14.4　以投影片帶聽眾重點摘要前面學過的內容。

從內容介紹要轉場到堆疊與成交的階段時，我會運用一點技巧將新概念放入他們的心裡，並用簡單、沒有壓力的過場方式，進入

簡報的銷售部分。

　　第一件要與聽眾分享的就是他們可以得到自己渴望的成果，只要照著我展示的方式即可。我會再次提起三大機密，說法大致如下：

　　讓我問你一個問題。如果你照著我在第一機密說的，找到可運作的漏斗，接著按照第二機密解釋的，用 ClickFunnels 在十分鐘內蓋出一個相似漏斗，再遵循第三機密找到競爭敵手的流量來源，並在同個地方取得流量，你認為自己成功了嗎？

　　像這樣把事情逐步拆解，並讓聽眾自行進行點對點連結，他們的答案自然會是肯定的。如果他們的答案是肯定的，那就表示所有的內在錯誤信念都已推翻，而巨大骨牌已然倒塌。

　　我在台上演講時，我可以看到邊聽邊點頭的觀眾，正是在結束後奔跑向櫃檯的那些人。如果他們沒點頭，代表我的演講無效，巨大骨牌仍然聞風不動。

　　如果你是親自銷售，便有機會進行現場提問，了解觀眾特定的錯誤信念是什麼，然後消除那些質疑，成交搞定。不過，你在一對多銷售、網路研討會或在自己的漏斗內時，並沒有如此餘裕，因此你必須在簡報中盡可能涵蓋足夠豐富的質疑與錯誤信念，加以解釋破除。

　　第一個轉場問題能幫助你觀察對方是否被說服，也能幫助他們說服自己，達成成交。

投影片 17：提問

圖 14.5　在這張投影片向你的觀眾提出請求，希望他們允許你分享一些對其有助益的事情。

現在我們要真正進入網路研討會的銷售部分了。你已經教完三大機密，破除了錯誤信念。現在是時候揭曉你有什麼提案在手了。對很多人來說，網路研討會的銷售困難點在於如何進入成交階段。他們會感到緊張與不安，身體與聲音表情都透露了缺乏自信和猶疑的狀態。我以前也容易感到緊張，直到我從阿曼那裡學到了魔術提問。他教我，要進入銷售的最好方式就是說：

讓我問你一個問題……

這就是機密。這會讓你釋放壓力，並擁有完美的轉場。我喜歡一次問許多個問題。

你們有多少人對剛剛的話題感到很興奮的？！

你們有多少人因為討論內容太過豐富，而覺得有點壓力？

接著，我會給他們看一張照片，照片裡的男子叼著消防水龍帶。通常這會引來一陣大笑，這個緩衝讓我得以補充，要在六十分鐘的演講內涵蓋所有的事根本是不可能的，但我盡力了。我會告訴聽眾，我設計了一個特別的組合，讓已經準備好的人可以進一步運用新的機會。

然後，我會**詢問**他們，我是否可以接著分享一些事。

我是否可以用十分鐘介紹這特別的方案，這方案可以幫助你執行_____？

如果我進行的是現場演講，我會等待對方點頭或是說好。如果是影片或虛擬環境，則會停頓一些時間，等待他們許可。我希望先取得他們的答應。一旦得到許可，所有的尷尬感覺都會消失無蹤。

遇到有些特殊的狀況，現場完全沒有人回應，並迴盪著尷尬的沉默，我會這麼說：

如果你不想學這些，那也沒關係。我已經知道內容了。我們現在就可結束。

接著我會停頓一下並說：

現場有誰希望我花十分鐘重點講解的？

通常在此時，每個人都會說好。

如果你整場演講都有照著腳本走，那他們應該都會說好，這時你就可以介紹銷售提案了。如此的轉場能幫助你重點摘要在網路研討會提過的一切，並再一次確認新信念的位置。進入銷售提案時，你必須運用我最愛的技巧之一，也就是堆疊。

投影片 18：你會得到什麼（核心產品）？

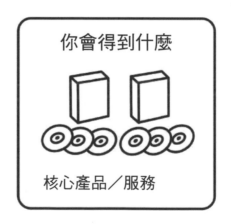

圖 14.6　介紹你要銷售的核心產品或服務。

此時正是好時機，用照片展示你販售的核心產品。它可以是資訊產品、服務或實體產品。並說說你為消費者創造這項核心產品的故事，包括出發點與研發過程。

投影片 19：「你就能……」或「你可以擺脫……」

圖 14.7　在這張投影片解釋你提供的服務或產品，將可為消費者帶來喜悅、擺脫痛苦。

你要讓聽眾相信，要投資此產品不但不會花錢，還能省錢。提醒他們現在不但有能力做些行動，之後還可以擺脫掉那些痛苦。表達出你的懇切，誠摯希望他們所省下的錢，遠遠超過付出的成本。這樣聽起來，實在是很難令人抗拒的提案。

當你有這產品後，你就能_____。

當你有這產品後，你就可以擺脫_____。

投影片 20：產品將會為你解決問題

圖 14.8　這張投影片解釋了過去的你與聽眾有相同渴望的目標，過程中所遇到的障礙。

　　我第一次弄清楚這些時，我遇到了一個超大障礙。我不知道該如何＿＿＿＿。因此，我必須為自己創造＿＿＿＿。

投影片 21：產品將會為你省下多少時間和金錢

　　在這裡，你可以說明為了創造此產品，必須克服巨大阻礙，這過程耗費了你多少時間與金錢。或許你花了一年時間設計 email 版型，或雇用高薪的律師草擬正確合約。接著再補充，觀眾們無須負擔這些成本與煎熬，因為你將所有工具都包含在提案內了。

圖 14.9 這張投影片讓消費者知道購買產品或服務後,他們能省下多少時間與金錢。

在那時候,我花了_____與_____,才找到解決問題的有效方法。但是我不想讓你們也陷入同樣的泥淖。我已經得到_____,而我希望將此方案提供給你。你覺得如何呢?

或是,

使用此產品的你,不但省去了我投入在研發產品的時間與金錢,而且也省到數月到數年不等的時間與金錢成本,因為你第一次就做了正確的決定。不必經歷一再嘗試又失敗的過程。

投影片 22：破除產品的相關信念

圖 14.10　利用這組投影片破除他們可能有的錯誤信念。

　　如同我們在其他章節提過的，這裡說的信念為消費者對產品、自身能力等種種錯誤信念。我會快速地破除，並且重建正確的信念模式。

投影片 23：堆疊投影片 #1

　　秀出第一張堆疊投影片的產品。並確保產品總價值也一同列在上面。

　　只要你成功註冊，立即可以登入使用我的產品，
　　其總價值為＿＿＿＿。

圖 14.11　列出你的核心產品或服務的價值。

投影片 24：介紹項目 #2（架構）

圖 14.12　在這組投影片說明顧客將會獲得哪些架構。

此時可以向觀眾介紹你的機會轉換或堆疊的架構。通常這會是數位課程或現場工作坊、活動，課程目的是幫助這群人學會運用架構。對你們之中的某些人來說，你的核心產品就是架構，這也沒問題。希望你能向他們分享一些你創造架構背後的故事與理由。

投影片 25：快速地超重點回顧可取得的成果

圖 14.13　快速做個極精簡的重點回顧，顧客能從架構中得到什麼東西。

人們常犯的錯就是一步步解釋每週模組所包含的內容。請不要這樣做。這只會讓聽眾壓力很大並且困惑。你只要為每組模式進行超重點複習即可。請用很快的速度帶過這部分。三十秒就足夠了。

現在我們回顧一下。第一週我們會講＿＿＿＿＿。第二週討論＿＿＿

＿。第三週進行＿＿＿。接著你在第四週就已經可以＿＿＿。第五週我們研究＿＿＿。最後，第六週我們會以＿＿＿進行總結。

現在讓我介紹一些已經走過這個歷程的案例分享。

投影片 26：案例分享

圖 14.14　在這組投影片中分享別人使用你的架構而獲得成功的案例。

在此，你可以強調其他人使用你的架構的成功案例。隨著時間累積，你的成功故事會越來越多。

讓我向你介紹＿＿＿（分享案例 #1）。

還有＿＿＿（分享案例 #2）。

最後是我最愛的故事＿＿＿（分享案例 #3）。

投影片 27：這對誰有效？（包括所有人）

圖 14.15　在這投影片再次提醒觀眾你的提案對象是誰。

　　介紹完案例後，聽眾通常會想，「這好棒，但是可能對我沒幫助吧。」或是「這人住在澳洲，或那人是其他產業的。」他們會認為自己的公司或個人狀態與案例有所出入，因此這些提案對他們應該無效。此時你可以用較大的框架涵蓋所有人，證明此提案對所有人都有效。要盡可能地包含所有人。我也會列出幾個比較好的利基實例。

　　好，我現在希望再一次提醒你這產品是提供給誰的。

　　這產品可以給……

- 商業

「給開始創業、已經步上成功軌道，或期望規模擴張的人。」

- 減重

「給那些還有數十公斤要消滅，或是只剩三公斤要減去的人。它也能幫助不需要減重，但希望能鍛鍊出健康肌肉的人。」

投影片 28：破壞人們不願意開始的首要原因

圖 14.16　這組投影片的目的是破除任何不願開始行動的反對聲音。

通常，人們總有個原因，阻止他們開始行動。這就是房間裡的大象。你最好一開始就提到此事，免得在整場演講中聽眾不斷在內心自我質問。我最常聽到人們不願開始使用 ClickFunnels 的原因，

就是他們還沒有想要銷售的產品。因此，我告訴他們不需要有產品。他們可以使用相關附屬產品。而我也會教他們如何製作產品，如果這是他們想要的話。你必須在訓練課程裡，大力毀滅那些阻止人們開始行動的藉口。

你或許會想，你無法開始，因為……這正是阻擋你取得成功的原因。

投影片 29：堆疊投影片 #2

圖 14.17　在這投影片上頭加總你的提案架構之價值。

這裡正是魔幻時刻發生的階段。再次秀出堆疊投影片，把核心產品或服務放在第一行，架構放在第二行。接著，在最後一行加總

提案項目目前的總價值。

投影片 30：介紹提案內的其他項目時，也同樣重複這個過程

現在，你將繼續介紹提案內的新項目，趁機說說創造項目背後的故事，讓聽眾知道你在這過程中的辛苦與相應成本，接著向他們展示你的產品將會帶來輕鬆又便捷的體驗！因為那些成本，你已經代替他們承擔了。

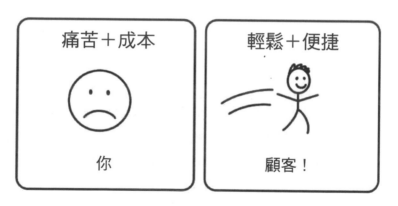

圖 14.18　介紹銷售產品的其他項目時，敘述你為了這個項目所經歷的的辛苦與投入成本，而他們只需要享受使用產品後的輕鬆和便捷就行了。

每介紹一個新項目，請確保你有重新整理投影片，讓觀眾一再看到更新後的加總價值。

當你這麼做的時候，要記住你加入的每一個新項目，都應該有

圖 14.19　每介紹完一個項目，就在投影片中進行加總，讓觀眾一同目睹總價值的提升。

助於消除那些阻礙他們取得成功的錯誤信念。如果我知道人們不會購買我的產品，是因為害怕流量無法進入他們的漏斗，那麼我就會視情況額外說明關於獲得流量的祕訣。是的，你的銷售簡報的每個部分都應該以此為基礎，逐一消除他們在任何環節可能存有的各種錯誤信念。

投影片 31：大堆疊

　　我稱此為大堆疊投影片，因為它包含所有提案項目，以及每個項目環節的價值。加總所有項目，並讓總價值高出實際價格十倍以上。（如果你達不到十倍的超值感，那請想辦法在提案中加進更多有價值的東西）。

圖 14.20　秀出整個銷售提案的總價值。

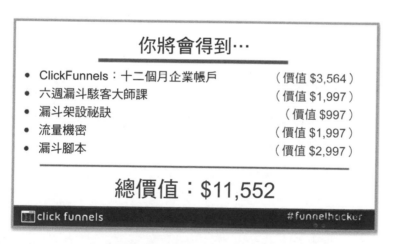

圖 14.21　大堆疊投影片的功能就是展示所有銷售提案項目、個別價值，以及加總後的提案總價值。

投影片 32：「如果都……」

如果都……

① 途徑
② 內在
③ 外在

圖 14.22　這組投影片的重點是，比較消費者購買後的所得價值與實際價格。

現在你已經給他們看了總價值與個別價值，接著必須說服他們，提案確實符合如此價值甚至是超值，並讓他們真心信服。你可以用大衛・凡赫斯（Dave VanHoose）的「如果都……」問句。通常這個問句看起來會像這樣：「如果這超值組合都這麼＿＿＿，那它值得 $＿＿＿嗎？」[44]

我通常在過場時會這麼說：

現在很顯然地，我不會向你收 1 萬 1,552 美元。但如果我真的向你收 1 萬 1,552 美元，而這產品可以＿＿＿，對你來說值得嗎？

接著，以三大機密為基礎，說三個「如果都……」的句子。

途徑（第一機密）：如果這系統都能幫你_____（與第一機密有關），那它值得 $ _____嗎？

請在此停頓，等待聽眾在心裡給出肯定的回答。

內在信念（第二機密）：如果這都能做到_____（與第二機密有關），那它值得 $ _____嗎？

請在此停頓，等待聽眾在心裡給出肯定的回答。

外在信念（第三機密）：如果這都能做到_____（與第三機密有關），那它值得 $ _____嗎？

請在此停頓，等待聽眾在心裡給出肯定的回答。

他們現在說了三次同意，接著，你再問他們，你賣的產品是否值得這個總價值，而這價值通常高於實質價格十倍以上。現在，當你折價出售時，聽眾會覺得自己等於是以一折購入，對他們而言物超所值。

投影片 33：我有兩個選擇（賣方）

圖 14.23　在這張投影片說出身為賣方的你有兩個選擇，將價格降低，或要求更高的投資。

　　我喜歡用「我有兩個選擇……」當作此階段的陳述，因為大部分觀眾都會同意我應當索取更高的收費，以便讓方案品質更好。

　　我有兩個選擇。我可以降價，越低越好，以求更高的銷量。但是問題在於，這樣我就不可能提供你這麼超值的產品與服務了。因此我選擇第二個策略，那就是要求你付出更高一點的投資。不過，如此一來，我的團隊可以投入更多時間、精力與資源，協助你取得成功。

投影片 34：衡量最終成果之實際價值

圖 14.24　詢問觀眾評估最終可獲得的成果之價值是多少。

在你揭露實際價格前，讓觀眾自己衡量這項產品或服務所帶來的最終成果，對他們而言價值有多少？

如果你今天擁有成功的漏斗，能讓你有效獲利，這對你來說有價值嗎？

你在此停頓一下，並讓他們思考此問題。

你會願意付多少錢購買成功的漏斗？

你在此停頓幾秒，並讓他們思考此問題。

你大概知道為什麼人們願意花 $ _____來購買我的產品，因為這不是花費，而是**投資**！

投影片 35：降價

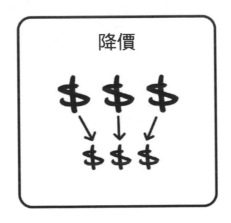

圖 14.25　以降價的方式，從「價值」層次拉到「零售」層次。

現在，在我揭曉總價格前，我會再用一次「如果都……」敘述。

你已經知道這個價值 $ _____。

就算是我公開報價 $ _____，也很划算。

不過因為_____，我會給你非常特別的優惠……

投影片 36：價格揭曉

圖表 14.26　終於在這張投影片向觀眾揭曉價格。

這是你首次揭露報價。報出實際價格後，並且進行第一次行動呼籲（呼籲他們點擊購買按鈕、前往某個網站，或打電話）。在此之後的每張投影都要有個行動呼籲的連結，只要他們準備好了，隨時可以加入購買行列。

投影片 37：合理化價格

多年來，我都會在最後一張投影片放上價格，以此作為銷售部分的尾聲。在我更有經驗以後，我理解到在價格揭曉後所提及的項目對成交來說至關重要。因此，我會放上初始價格，許多人會感到非常震撼。我需要讓價格先在大家心中醞釀一陣子，接著解釋為何

圖 14.27 在獲得相同成果的情況下,比較其成本與價格,藉此合理化你開出的價格。

它一點也不貴。

我有兩個合理化價格的方式,一是向觀眾展示在非演講現場的實際原價,或是將價格與其他可得到相同成果的成本相比。

原價比較

現在讓我為你進行比較。如果你現在登入我的網站,你可以以 $_____,買下此產品。但是因為你已經投資了這麼多時間在這演講裡,你證明了你確實非常想要這個成果,因此我會為網路研討會的成員提供特別優惠。

划算的性價比（CP 值）

如果你聘僱專業者為你工作，那需要花費 $ _____ 。但是現在你已經學到如何自己做的方法，而且我將提供你所需的工具與資源，加速工作進行，你只需付 $ _____ 。

投影片 38：你有兩個選擇（顧客）

圖 14.28　在投影片中提供兩個選項，觀眾可以選擇什麼都不做，或是放手試試看。

現在我想提一下，他們可以做的選擇。

現在你有兩個選擇。你當然可以什麼都不做。如果你聽了前面一個小時的資訊後，還是選擇什麼都不做，你會得到什麼呢？什麼都沒有。

或者，你可以選擇試試看。只要嘗試一下，你就會知道是否對自己有效。

投影片 39：保證

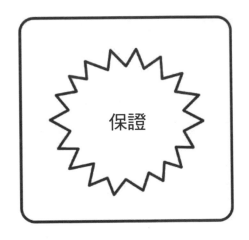

圖 14.29　利用這張投影片消除消費者的擔心，為他們降低浪費錢的風險，並向觀眾提供保證。

接著，我會告訴他們，如果產品無效，也沒關係，因為他們享有三十天無效退款的保證。他們可以測試看看，並了解產品是否對自己有效。完全不需要負擔任何成本。

投影片 40：真正的問題是⋯⋯

真正的問題是？

圖 14.30　在這張投影片中，向消費者解釋即便功效只有你所宣稱的一半，也值得此價格。

現在他們知道自己無須負擔成本了，我還想讓他們的選擇更簡單一點。幫助他們知道這真的不用再考慮了！

真正的問題是，你願意賭上幾分鐘試試看嗎？就算這只有我所說的一半功效，它也會讓你得到_____。

投影片 41：最後堆疊

圖 14.31：來到投影片尾聲，再次重新精華摘要整個提案的所有項目。

接下來我會再向觀眾最後展示一次大堆疊投影片，他們會看到最後可獲得的所有項目與總價值。我會一一講述每個項目，並在報出最後價格前，讓他們牢記項目內容。

投影片 42：超值方案的緊迫性或稀缺性

對行銷而言，最有效的兩種工具就是緊迫性與稀缺性。現在你可以提出此刻限定的超值升級版提案，透過限時或限量來達到這目的，甚至是（同時）創造緊迫性與稀缺性。

千萬不要忽略此步驟！這是讓消費者立刻購買的關鍵。當人們

圖 14.32　利用這張投影片展示時效性的緊迫性與限量的稀缺性，促使聽眾展開行動。

離開網路研討會，日後再回頭或購買的機會幾乎是零。事實上，我通常只會提供現場參與討論會的人超值方案，而非日後觀賞重播版的觀眾。這不但鼓勵人們參與現場活動，也讓他們有理由在討論會結束前報名。關鍵就在於創造時效性。

投影片 43：行動呼籲 + 問答時間

圖 14.33　在問答時間持續播放這張投影片。

我用此投影片結束演講，並且在整個問答過程中，這張投影片都會留在場上。此投影片的關鍵元素如下：

- 重新複習銷售提案
- 倒數三十分鐘計時
- 價格
- 行動呼籲

接著，我開始準備回答問題。有時候我會回答現場觀眾的問題，有時候則會預先寫下觀眾常見的提問。接著我會一一回答這些

問題，並在每個段落呼籲觀眾行動。這讓我有機會一再提供觀眾購買連結。

我也會試著想辦法破除最後的幾個錯誤信念，而我會回到這個句子：

你或許在想_____，對吧？

這就是堆疊。光是這個概念就為我的事業帶來無可比擬的收益。好好學習吧。試著善用堆疊的概念。這是我可以提供讀者們最珍貴的禮物。

提高勝算的成交攻略

TRIAL CLOSES

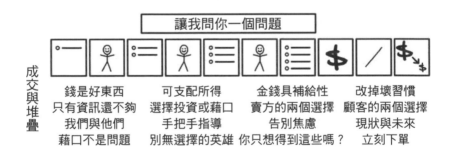

圖 15.1　成交測試與成交小計有助於加強說服參與者購買。

　　很多年以前,我聽聞有個男人被稱為「行銷魔笛手」。他因為嫻熟舞台銷售,而獲得此稱號。每當他演講時,就會有上百人出現在他身後,揮舞著信用卡,並追隨他到櫃檯購買產品。某天我終於

有機會與他本人見面，這恐怕是我看過最酷的景象之一。

　　他的本名是泰德・湯瑪斯（Ted Thomas）。我們第一次見面是在我的演講活動現場，我發現泰德坐在觀眾席裡。全世界最強的成交員要親自看著我如何為演講收尾了。我強忍著胃痛忽視那緊張感，並盡可能做好演講。雖然最後有不少成員報名，但我仍然沒有創造成交潮。

　　演講結束後，泰德前來自我介紹，並邀請我共進午餐。當我們在吃飯時，他開始隨口問些問題。在幾分鐘後，他笑了。我問他為什麼笑呢？他邊笑邊答，「你的頭在幹嘛？」我突然驚覺從我們開始對話後，我就不斷在點頭。

　　他說，「我一直在運用一個小技巧，我稱它為成交測試（trial close）。我問了你幾個非黑即白的問題，而所有的問題答案都是對跟好。所以你才會開始一直點頭，直到我提醒你為止。」

　　接著，他耐心解釋了為什麼我沒有成交潮，因為在我第一次讓觀眾說好的時候，我的目的就是要他們把錢拿出來。「如果你觀察我的演講，就會發現觀眾不斷地點頭。如果你站在房間後方，會看到點頭的頻率就像是海浪在岸邊拍打一樣。我會一直問些簡單的問題，讓觀眾不斷地說好。當我最後要求他們花錢購買時，在那之前他們已經對我說過了上百次的好好好。」

　　我承認這聽起來滿酷的。不過要我誠實說的話，我認為他有點簡化自己的技巧。我不認為他的成交測試技巧可以為銷量帶來如此大的影響。不過我決定實驗看看。

　　當時，我有個每月進行五至六次的自動化網路研討會

（automated webinar）。我重看了影片，並找出幾十個我可以加入成交測試的時間點。接著我將成交測試另外錄影，並且加入影片裡。我沒有太大的預期，不過結果著實讓人吃驚！網路研討會的平均每個會員收益從 9.45 美元提升到 16.5 美元，而我所做的不過是加入成交測試而已。

從那天起，我就對成交測試深信不疑了。我還寫下簡單的成交測試小卡放在書桌上。準備不同的報告時，每回看到一張小卡，我就會使用那個方法執行成交測試。接下來我會示範幾個在演說時常用上的成交測試。

- 你準備好開始了嗎？
- 你們都懂了嗎？
- 這有道理嗎？
- 你可以想像這發生在你身上嗎
- 在場有誰希望能享有免費的_____？
- 你願意當我們的下一個成功案例嗎？
- 你之前有聽過吧？
- 這很酷吧？
- 這不是很讓人興奮嗎？
- 我說的沒錯吧？
- 你可以想像自己做到_____？
- 我相信你也注意到了吧，對嗎？

我可以不斷地條列下去。這已經融合到我的寫作與演說裡了。你應該有注意到我在這本書裡也用了不少成交測試，你有注意到嗎？（我現在在做什麼？）（哇，我馬上用了成交測試兩次，你懂了嗎？）你要習慣用很多小的句子讓觀眾在心裡不斷地說對對對、好好好。你越讓他們說好，他們就越有可能接受你將要與他們分享的頓悟與提案。成交測試是有效說故事的訣竅之一。

使用成交測試的最好時機，就是在你分享完案例或成功學員故事之後。很多時候，人們只知道分享故事，然後就加速進入下一個主題。不知道你是否有注意到，每當我分享故事以後，我會暫停一下，接著丟入許多個成交測試，直到進入下個主題為止。「你有聽到嗎？這很棒吧？你可以想像如果這發生在你身上，生活有什麼改變嗎？你懂了嗎？」每當我分享成功故事後，我就會用類似的成交測試詢問對方。

十六個心機成交小計

當你到了演說尾聲，進入堆疊部分，有很多好的成交方式可運用，我個人則會輪流使用十六個最愛的成交小計。我從傑森‧法藍德安的「網路研討會行銷機密 2.0」（Webinar Pitch Secrets 2.0）學到很多方法；傑森相當慷慨地允許我與你們分享。[45] 我不會在演說中用上所有成交小計，但我會適當運用數個以增強我的論述。

之前我已經在堆疊投影片裡，置入過幾個我最愛的成交心機。但我希望向你介紹所有方法。你可以自由從中挑選，置入自己的演

講。成交小計也因場合不同而有優劣之分。你可以從中選擇最自然並且最符合當下狀況的方式。

接下來我會分段討論概念,接著解釋我如何在個人演說中運用這些成交策略。

一、錢是好東西

這個成交技巧的目標在於,讓消費者擺脫付錢給你所產生的恐懼感。錢是價值交換的工具,而花錢是為了得到更好的回報。

我希望你思考一下。錢是什麼?很多人對錢抱有恐懼,甚至害怕花錢。但是你必須了解錢當然好,但只是用來價值交換的工具而已。

除此之外,錢並沒有真正的價值。你不可能用錢保暖、不可能吃錢、你只能用錢換到你渴望的事物。你想想,所有使用錢的人都是因為他們相信可以換到更有價值的東西,而不是把錢留下來,留待日後使用。至少,這是我買東西時的想法。只有等到我消費了、試用了,我才知道結果。

但是我想問你一個問題。你會願意用錢交換成果嗎?如果答案是肯定的,那麼你現在就該行動。而如果你害怕結果不如預期,或是你無法得到相同結果,請告訴我,我會讓你取回款項。

二、可支配所得

這個策略的目標在於幫助觀眾了解,現在的他們正在支用自己

的可支配所得，卻得不到任何效果。如果他們能將錢移作他用，並轉作讓自己成長的資源，就能獲得長期的滿足感。當你運用這個說法時，人們就會意識到他們確實有錢可以投資自己。

很多人的生活入不敷出。你每月收到工資，就會立刻拿去支付固定支出，好比食物與房租。最後所剩餘的一點零用錢。我們稱此為可支配所得。

很多人每個月都這樣過著。如果他們有 1,000 美元的可支配所得，就會花掉 1,000 美元，直到用完為止。他們可能會拿去看電影、吃冰淇淋或旅行──而所有的短期愉悅感都會在享受後瞬間消失。

不過有趣的是金錢具補給性。想想看，如果每兩個禮拜就又來一筆 1,000 美元在你的可支配所得帳戶裡供你花用呢？很多人會花掉這些錢，卻沒有為生活增加任何價值或意義。但是，你應該把這筆錢拿來投資在可以幫助自己成長的產品、課程或服務。

這就是可支配所得的力量，花掉的錢會自己流回來。每兩個禮拜它就會出現在帳戶裡！總是有更多的錢！但前提是你必須願意投資自己成長。

三、金錢具補給性

此目標在於幫助人們了解，雖然每個月都會有錢再次入帳，但時間卻不會重來，如果他們不謹慎以對，就會浪費掉所有時間。

你認為可以動用存款，或是用信用卡消費不符自己現階段經濟能力的事物嗎？這問題滿嚴肅的。你認為這樣可以嗎？有些人覺得可以，有些人覺得不行。讓我們來談這問題吧。

每個月都會有錢進到帳戶，對吧？但這就是關鍵，時間無法重來，它只會流逝不見。所以，你可以花上幾個月甚至幾年的時間琢磨、弄清楚一件事情，但那些時間不會再回來了。相反的，你有機會省下時間與精力，因為我早就為你打造好了產品，你只要直接開始用它工作就行了。這需要花你一些錢起步，不過你會得到回報，而若是你耗掉與家人相處的時間，從頭開始除錯、測試，那些時間是永遠不會回來的。

四、改掉壞習慣

這個技巧的目標是幫助潛在顧客理解，如果他們今天不花錢投資，人生不會發生任何改變。

壞習慣很難改。我大可以現在就離開網路研討會，好好享受這整個下午。我已經靠著_____，已經做得很成功了。這對我來說很有用。但這東西現在不是為了我。而是你。如果你現在離開，你會認為自己學到一些不錯的東西，但我認為明早你就會回到自己的老樣子。對吧？你會繼續照著老方法做事。因為幾乎每個人都是如此。

但我是你的教練、朋友與導師，我不想讓你回到舊有的生活。我希望你可以改掉壞習慣，並獲得成功。如果你想要真正、永久的

改變，你必須一再地複習新系統。這也是為什麼我希望你現在就投資的原因。

五、只有資訊還不夠

這個成交技巧的目標在於，幫助顧客了解，雖然他們有很好的資訊，他們無法單靠資訊就成功。他們需要教練與績效監督。

現在我已經告訴你系統如何運作，並說明如何做到_____。也介紹了你需要_____，才能進行這項工作。但你知道嗎？要成功，你不能單靠資訊。

我知道你能用這系統取得成功，但你需要教練指導。你需要有人為你解答，以及有效的監督。讓我告訴你，我把教練的工作看得非常認真，我不會讓你放棄自己，我們會一起走過這段路。教練的功能根本無法單靠幾支影片或 PDF 輕易代替。只有資訊是不夠的。

學員只憑一己之力時，成功率幾乎為零。但是只要他們跟我一起工作，成功率就能提升到_____％。如果單靠資訊就可以改變，那大家只要 Google 就夠了。你需要一個有成功經驗的教練在身邊，他現在就能引導你取得成功。

六、選擇投資或藉口

這個成交技巧的目標在於，讓這些人不再找藉口拒絕購買。

我在這領域很久了。我發現人只有兩種：很會做事的（好比賺錢、減重等），以及很會找藉口的。二選一。如果你是那種很會找藉口的人，很抱歉，但我覺得你會很難_____。

好消息是，你有選擇權。現在你可以選擇自己要成為哪種人。不要做個一直找藉口的人，請你做個_____的人。

七、賣方的兩個選擇

此成交技巧的目的在於，讓顧客理解為何你要索取如此高額的費用，並確保他們能接受。

我們討論訂價時，有兩個選擇。首先是把價格壓得越低越好，並提高銷售量。但是問題在於如此一來，我們就沒有足夠資本提高產品價值。事實上，課程的附帶資源才是最消耗成本的項目。所以，我們的第二個選擇是將價格提高一點點，但讓你享有成功所需的全部資源。

八、顧客的兩個選擇

此成交目標在於幫助潛在顧客理解，如果今天不投資在你身上，就太荒唐了。

以我看來，你有兩個選擇。第一個是什麼都不做，也不要接納新的信念（這就不會冒任何風險）。

你的第二個選擇是在今天花點錢投資（請別忘了你會得到的回

報），並且嘗試看看，看這是否能對你有幫助。如果無效，不管是什麼理由，你都可以退費。根本沒有風險。你不會失去什麼，除了頭痛與焦慮的困擾可能徹底消失。

九、我們與他們

此成交技巧的目標在於把人們分為行動派與沾醬油派。

我猜現場應該有兩種人。你可能是行動派或沾醬油派。沾醬油派喜歡坐著聆聽、學習，但基本上不可能挽起袖子行動，他們喜歡找尋牽絆自己的藉口。

現場也有些人會是行動派。你不知道這對自己來說是否有效，但是你看見這對我與其他人確實有益，因此你相信這也會對自己有幫助。我發現，通常行動派能在生活中保持超越，而沾醬油派則很難進步。

十、手把手指導

這個技巧的重點在於和聽眾一起瀏覽報名流程。

如果你準備好改變生活了，就開始行動吧。首先，打開電腦視窗，瀏覽器不管是 Chrome 或 Firefox 或 Safari 都行。我現在要打開 Chrome，示範如何進行。

請輸入 www. _____ .com。在此頁你會看到_____。接著，你點選頁面，填好表格。之後，你會被帶入申請帳號的頁面。如果你

有問題，連結會替你連到協助頁面，在那裡_____會回答你的一切問題。

十一、告別焦慮

這個成交的說服目標則是，我想讓他們看到投資這項產品或服務之後，所有的痛苦和焦慮都會立即跟著消失。

當你完成訓練並準備就緒後，你可以跟_____的焦慮說掰掰。你再也不用擔心_____。你能想像那些痛苦消失後的生活嗎？你打算用多餘的時間、精力與金錢做什麼呢？

十二、現狀與未來

在這個成交策略，我會希望描繪出投資後的美好生活，並拿對方現在的生活比較。

我希望跟你談談我擁有新機會前的生活。_____讓我很痛苦，我無法_____。因為_____，一切都很困難。這聽起來很熟悉嗎？
但是現在我的生活不一樣了。自從有了新機會以後，我就可以_____。現在我能做到_____，這真的很棒。你可以想像嗎？

十三、藉口不是問題

此成交的目標在於停止他們繼續找藉口。

如果你沒有打算立刻報名，原因大概有兩個。首先，你可能認為_____？別擔心。我們的第一部分就是想讓你_____。我也會讓你知道我們已經處理好_____。我會給你模組，讓你能順利解決問題。我保證，第一週結束以前，你就可以做到_____。

再來，你可能會對設定感到恐懼。我懂。不過我向你保證，這不難。在第二週，我們會一步步解釋設定過程。我知道_____可能有點恐怖，不過我們都會在你身邊。

第三個可能是，你或許覺得這太貴了。如果你這麼想，我還真不知道可以怎麼幫你。這是個投資，也是你能為自己做的決定。當我投資開始學習時，我花了 $ _____，但是最後我得到了_____，這都是在短短_____內發生的。

十四、別無選擇的英雄

此成交目標在於讓顧客相信自己做得到。

我希望你可以更了解我一點。我一點也不特別，也沒有什麼超能力。我其實有很多_____方面的困難。不過，這也是我愛上這系統的原因，我再也不用煩惱了。

十五、你只想得到這些嗎？

此成交技巧是要讓他們看到已經免費獲得的東西，以及如果投資後，未來將達到的成就。

好，我準備結束了。如果我在這結束，你只能擁有_____，這也很值得投資對吧？但是如果投資了，你可以得到_____以及_____，還有_____與_____。我希望確保沒有任何事情能阻礙你成功。

十六、立刻下單

這是最後能推動他們成交的做法。我通常會在網路研討會的問答部分使用這個技巧數次。

如果你還在觀望，是時間動手開新視窗了，前往 www. _____ .com，並立即行動。請記得，這沒有風險，因為我們有 100％退款保證。只有試用過後，你才能知道這適不適合你。現在開始你隨時可以在 www. _____ .com 申請帳號。

以上就是在堆疊之中可以運用的十六個心機成交小計，加強推動你的銷售。我喜歡在介紹堆疊內的每個新項目前運用這些成交技巧，有時候，我會在不同項目間用上二至三個，而且通常會做到自然巧妙地融合在演說之中。

創造你自己的成交

上述成交小計對於提高成交率都很有用，不過如果你能創造自己的成交技巧會更有力量。最純粹的成交方式就是講個頓悟橋故

事，並且破除觀眾認為自己不該購買的錯誤信念。在你的銷售演說裡，可以運用故事清單上的任何故事，只要它們還沒在你的演說中出現過即可。

我自己也有一個很常用的成交法，我稱它為「投資與購買」，大致內容如下：

背景故事：當時我剛搬到宿舍，準備開始第一場摔角練習，和團隊與教練都玩得很開心。

旅程：當晚有人敲門來訪。開門之後，我看見了摔角教練馬克·舒茲（Mark Schultz）站在門前。他是自由摔角的奧運金牌選手，也是 UFC 9 的贏家，而且比賽當天，他在接到通知二十四小時內就上了摔角台，並在沒有正式訓練的狀況下擊潰對手。

新機會：他走進宿舍給了我一捲錄影帶，上面寫著「全面暴力」，那錄影帶記錄了他璀璨的摔角生涯。

我接過錄影帶後，舒茲要求我交出錢包。我有點驚訝，但是因為太害怕而不敢對眼前這位我見過最強壯的男人說出一句話，於是我從口袋裡掏出錢包遞給了他。他打開錢包並拿出所有的錢，還給我一個空錢包。我有點困惑，但因為太緊張而說不出話來。

架構：他對我說，「羅素，如果我免費給你這錄影帶，你永遠都不會看。但是如果你花了錢，我知道你肯定會看，而且還會學到

不少。」他說完就離開宿舍。那天晚上，教練為我上了珍貴的一課，讓我了解「投資的重要性」。他說得很對。

成就：因為我做了那筆投資，我確實一再地看那錄影帶，也成為更好的摔角選手。

每次我想要對方投資在我身上時，我就會用這招成交技巧。他們或許會有錯誤信念，認為自己沒錢購買，但是他們買的其實是會為自己帶來收益的產品。

你可以用自己的頓悟橋故事當作成交策略，這會是最強而有力的選擇。

在此部分，你已經擁有完美網路研討會的架構，以及可以讓它日臻完美的策略與戰術。在你準備創造自己的投影片時，請用本書當作參考教材，確保你以正確的順序講解腳本的所有部分。在本書的下一個部分我將告訴你不同的銷售狀況，讓你可以在價值階梯內運用此架構。

Part Four

成為夢幻顧客
的指引

BECOMING YOUR DREAM
CUSTOMER'S GUIDE

在本書的前面章節，我們的目的都是為了讓你成為專家。我們討論了如何找到你的聲音、建立自己的社群。我們也討論如何建造架構，並創造提案介紹新機會。我們花時間鑽研故事架構，把故事組織好，並帶給人們感動。但是目前為止，我們的目光都放在你身上，並述說專家與領導者如何給你頓悟、使你轉變成今天的你。

在接下來的部分，我希望你能退一步，並了解現在你必須成為夢幻顧客故事中的指引。現在，他們在紅海內掙扎、載沉載浮，期盼達成他們渴望的目標，但是截至目前為止，所有嘗試的機會都讓他們大失失望。

圖 16.1　你的夢幻顧客可能和往日的你一樣遇到卡關了。

夢幻顧客的兩個旅程

你的夢幻顧客現在陷在泥淖、動彈不得，就像任何故事的英雄一樣，仍處於「平凡的世界」。他們萬分沮喪，等待著導師、專家

或指引者出現，帶他們走上英雄的旅程。

在《跟誰行銷都成交》（*Building a StoryBrand*）裡，唐納·米勒（Donald Miller）提到你的品牌並非英雄，他認為你的消費者才是英雄，而你的品牌任務是幫助英雄迎向未來挑戰。[46]他進一步解釋，你的品牌應該像路克天行者的尤達一樣。

觀察自己的企業，你會發現自己所做的一切都是在尋找一群人（滿懷挑戰的英雄們），向他們丟出誘餌、吸引其注意，並成為對方的領導者，帶領他們穿越挑戰，如此他們就能實現自己渴望的結果。

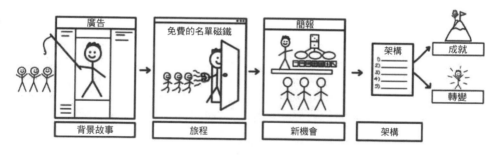

圖 16.2　身為專家，你的工作是引領夢幻顧客前往屬於他們的「英雄的兩個旅程」。

背景故事：一開始你先必須了解，你的夢幻顧客還身在背景故事裡。要成為他們未來的指引者，你必須先找到他們泅泳掙扎其中的紅海、拋出誘餌，並吸引他們的目光。我的《流量機密》將深入討論此階段的策略與架構，但是你必須先對這有一點概念。

回想你自己的背景故事、當時的感受、你的追尋，以及接受新機會之前的種種嘗試時，這些都有助於你掌握未來顧客的所在位置。接著，你的工作就是向他們拋出誘餌、吸引目光，並讓他們開始自己的旅程。

旅程：吸引到未來顧客的注意後，你等同是召喚他們離開平凡的世界（臉書、Google、email，不管他們在哪裡看見你的廣告都一樣），並與你一同展開旅程。正如同所有故事裡的英雄都必須離開家，你的夢幻顧客也必須離開舒適圈，前往你的漏斗。

此時，你必須召喚他們。這是第一個真正的提案，建議他們與你一起踏上旅程。如果他們給出了電子信箱，你可以給他們一些名單磁鐵，可以是電子書、影片或網路研討會。真正的關鍵在於讓他們願意給予承諾，並與你一同開啟旅程。

新機會：現在他們在你的名單上，並與你同行，你有機會為他們進行簡報了。在演說中，你可以做以下幾件事：

1. 身為他們的新指引，先介紹你自己
2. 分享你的故事，引導他們在故事中產生頓悟
3. 秀出你的新機會

簡報的模式有很多種選擇，你可以根據自己的漏斗類型彈性調整。在《網路行銷究極攻略》裡，我介紹了多種在不同銷售狀況、

銷售金額下的漏斗結構差異，但是不管你使用哪種漏斗，你都必須運用上述三大元素進行演說。

看完簡報後，他們有機會決定是否要接受新機會。如果他們願意，就成為了你的客戶，你將提供他們架構，並致力提升他們在價值階梯的位置，協助這群夢幻顧客實現最想達成的目標，並轉變為他們心中理想的模樣。

在本書的最後部分，我想與你分享如何把簡報與不同的漏斗類型做結合。簡報是陳述你的故事（作為一個領導者），但漏斗則是關於創造顧客的旅程，在那裡他們才是英雄。

機密 #16

實戰測試你的銷售簡報

TESTING YOUR PRESENTATION LIVE

　　在我們正式推出 ClickFunnels 的數週後，我受邀在朋友的活動現場演講。他問我是不是可以針對漏斗演說，並在演講結束後推出價值 1,000 美元的優惠方案，讓使用者加入 ClickFunnels 的行列。我當時有點洩氣，因為我和團隊已經花了數週的時間想找出最好的策略，企圖讓消費者買軟體，包括免費試用、特別促銷等，但情況始終停滯不前。現在他竟然要我推出 1,000 美元的版本？如果人們連免費試用都不想嘗試，為什麼會對這有興趣呢？

　　我想推辭這個邀約，但是他卻說網站已經將我列名為主要演講者，而且很多人期待我的表現。那個活動在週四、五、六進行，所以我訂了週六清晨的班機，準備在演講前幾小時抵達現場。由於活動也會線上直播，因此在週四與週五的晚上，我都一邊看著直播一邊準備自己的演講。

我做的第一件事是創造我的堆疊投影片。我知道他們會對 ClickFunnels 有興趣，但是我要怎麼樣才能讓我的堆疊夠讚，讓人願意掏出 1,000 美元購買呢？我加了一堂根本還不存在的「漏斗建造機密」課程，內容包括軟體和培訓，協助他們在自己網頁寫文案的訓練，以此將流量引導到漏斗內。並提供聽眾們數個月的 ClickFunnels 使用期，我很快就發現這超值方案根本價值超過 1 萬美元，如果要以 1,000 美元的價格賣出，應該相當容易。

下一步是創造這份銷售提案的簡報。我拿出完美網路研討會架構，並開始我在第三部分與你分享過的流程。我找到了巨大骨牌，以及可以推倒巨大骨牌的起源故事。寫下三大機密、為每個機密創造架構，並加入了我怎麼學到或獲得這些機密背後的小故事。接著，完成堆疊投影片，處理完手邊的一切工作，跳上飛機，前往聖地牙哥。

我抵達會場，來到了前幾個晚上用電腦觀摩過的同個小房間裡。現場約有一百人，氣氛有點低迷。我走向處理音響的傢伙，給出簡報用的隨身碟。我不知道這行不行得通。我已經沒時間練習了。

幾分鐘後，主持人介紹我的名字，我開始了第一版的漏斗駭客演講。我講了馬鈴薯槍故事、展示漏斗駭客架構、秀出軟體試用版，並介紹我的流量架構。當我緊張地開始進入成交部分時，我問他們，「你們願意花十分鐘了解一下我為你們設計的特別方案嗎？我可以幫你們為公司創造漏斗。」原本在我上台前昏昏欲睡的觀眾們，現在早已興致盎然，每個人都回答：「好！」

於是我進入堆疊與成交的最後階段，在演講結束前，我已經看到有人往櫃檯移動報名了！一切都成功了！接下來幾小時真是不可思議，我不斷接訂單、回答問題，等一切塵埃落定後，我發現有三分之一的參加者都報名了 ClickFunnels ！

那天晚上，我和另外兩名創辦者陶德·狄克森、迪倫·瓊斯一同晚餐，同桌還有幾位未來的合夥人，我跟大家說了自己從未說過的話，「我們要發財了。我看見他們的眼神了，我在台上演講十年，從沒經歷過類似的情況。」

專注在漏斗上，直到進入百萬美元俱樂部

我以前也做過相當成功的演講，但是我知道如果想要推廣 ClickFunnels，我必須更上層樓。你或許察覺到我對打造漏斗相當狂熱，因此我（以及許多我服務的成功創業者）做的往往是打造漏斗、發表、獲利，接著往下一個計畫移動。我在每個階段都有不錯的收益，但是都不夠長久持續。在那天的晚餐上，我們開始討論如何確保這不是曇花一現的發薪來源，而是可更長期穩固經營的 ClickFunnels 啟動平台。

我提到了我在數個月前和朋友瑪莉艾倫·崔碧（MaryEllen Tribby）的談話。崔碧的長才在於把獲利不錯的公司擴大規模，並獲利翻倍，其中一個成功案例就是魏斯房地產研究公司（Weiss Research）。她接手該公司時市值約 1,100 萬美元，在一年後便達到了 6,700 萬美元。她經手過的幾間公司表現都相當卓越。於是，我

問她是否可以跟我分享其中關鍵，為什麼她可以在短時間內讓公司獲利翻倍？

她說，「像你這樣的網路行銷專家，真是又聰明又笨。」

我聽了很驚訝，但她無疑地吸引了我的注意，「這什麼意思啊？」

她開始解釋，我們每個月的工作就像是創造百老匯表演一樣。「你雇用全世界最好的劇作家，聘請最好的演員，你排練數個月，並在愛達荷州的波夕演出（因為你剛好住在那裡，並進行了一整個月的行銷）。你賣光所有的票，然後觀眾為你的作品起立鼓掌致意。表演結束後，你拆掉舞台，著手寫下一個劇本，並準備在波夕的同個劇院開始另一場演出。」

我有點緊張地笑了笑。「好，那不然我該怎麼做？你的做法不同嗎？」

「我會把像你這樣在波夕上演好作品的公司，帶去巡迴，去芝加哥、紐約、洛杉磯演出，直到這作品不能賺錢為止。」

我懂了，我知道哪裡出錯了。我必須帶著我的作品上路。換句話說，每週都要有新的流量進入同一個網路研討會裡。我向合夥人承諾，在接下來的十二個月裡，我會專注在每週一次的網路演說上頭。

除此之外，我在核心圈設下了新規矩，所有人都必須先讓第一個漏斗進入百萬美元俱樂部，才能動手進行下一個漏斗。我也會給你相同的建議：請進行你的現場演說至少一年，或者等它進入百萬美元俱樂部，總之看哪個目標先達成。

力求完美的銷售簡報

隔天早上我要離開活動前，一位參加者告訴我，她真的很喜歡我的演說，而雖然她本身是教練，但沒有補給品可賣，因此她不知道該如何用 ClickFunnels。

我很困惑地看著她。

她認為我介紹的所有個案裡大家都有賣補給品，這與她不同。於是我告訴她，我也用 ClickFunnels 經營顧問公司，又示範了我的幾個漏斗。她聽完後興奮不已，重回到現場並帶來兩位朋友。她們早已寫好了訂單，並在我離開飯店前交給我。我成交了三個原本沒打算報名的顧客！

這個小互動讓我了解到我的演說並不完美。因此飛回家的旅程上，我在展示不同漏斗的投影片之間，加上了幾頁投影片，去解釋其他領域能如何運用漏斗。並在同段回程上，寄信給我所知的每個人（我的夢想 100 顧客），告訴他們我正在修正銷售演說，詢問他們是否願意與我開啟一個網路研討會測試。那天下飛機以前，我已經有十幾個活動在等著排隊了。

第一場活動就在幾天後舉行。我的合夥人找來六百人參與網路研討會。我再次進行了一次簡報（在飛機上修改過的更新版），當天活動結束我們獲得 3 萬美元成交額。這表現還算不錯，不過我並不自滿於此。幾小時後，我還要給另一群人進行演說，因此我決定檢視一遍上個研討會的觀眾提問。我下載了他們的問題與回饋，並仔細閱讀。很快地，我發現簡報有四、五處讓聽眾備感疑惑，可能

是內容不夠好或是講得不夠清楚。於是我迅速修改投影片、加入幾處說明，確保在觀眾感到疑惑前，就先解決了可能發生的困擾。

數小時後，我向近五百名創業者演講修正過的版本，那天我們的直播達到了 12 萬美元的成交額！我在接下來的一年內，重複了上述過程近乎六十次——進行網路研討會直播、找出問題並解決、修正銷售報告。

這或許是為什麼同為我的好友與對話專家的喬‧拉福利（Joe Lavery）在看完我的演說後給予極佳好評（見圖 16.3）。

人們時常問我一個問題，「如果你今天要再次推出 ClickFunnels，或是推廣一個新創產品，你會怎麼做？」答案很簡單：我會創造一個簡報，然後一年內每週持續做現場型發表，直到它日益完美為止。

現在的我已經徹頭徹尾記住了那份演講內容。就算要我在睡夢中背出來都可以。我幾乎可以透過計算參與人數，百分百精準抓出我的獲益會是多少。成交率基本上都一樣，因為那是相同的演講。這就是為什麼我知道在「超級機密」活動現場至少能賺進 300 萬美元。我知道有多少人參加，清楚我的轉換率，所以敢這樣堅信不移。

大多數人的問題是，他們認為自己設計的演講不錯，就把它錄下來並放入漏斗。這樣做也沒錯，但重點是你尚未讓演講本身達到完美的程度，也不知道聽眾真正的疑問是什麼。即便你只有一半時間進行現場的網路研討會，至少也有機會知道聽眾會在哪裡產生質疑，並且加以修正。小小的工具，就可以推動巨大的門扉。一年營

收七位數的網路研討會與營收八位數的差別，就等同於 10％和 15％轉換率的差距。

圖 16.3　閱讀上一個網路研討會的回饋之後，我發現自己的演說並沒有完全破除觀眾的質疑。於是我修正了投影片，並在下一個網路研討會創造出四倍多的銷售成績。

網路研討會的運作模型

當我開始「帶著表演巡迴」，並且每週至少做一次現場型簡報後，我設計出了一個模型，並且告訴團隊我將在接下來的一年持續運用這模型。

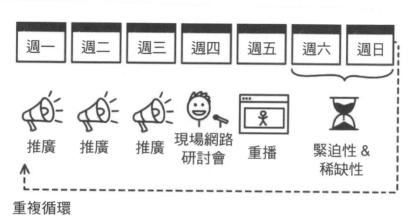

圖表 16.4：我建議你進行現場型完美網路研討會至少一年，或至少到你進入百萬美元俱樂部為止，兩者取其一。

我喜歡在週四進行網路研討會，因為如此一來，我有一整週的時間可以進行推廣。我從週一開始推廣，直至週四現場直播當天，包括寄 email、買臉書廣告等。我會與投資合夥人分工合作，盡力執行一連串的作業，想方設法把流量引導到我的報名頁面。只要能讓人們來參加現場活動，我什麼都做。當網路研討會開始，我就會停止宣傳，因為整個星期從這天開始，目標就是我得把潛在顧客變成買家。

每個市場都不同，不過我只希望在每個網路研討會登記的參加者身上花 3 至 5 美元。如果成本高於此，那麼我的著陸頁恐怕有問題、可能是我的訊息不夠有創意、目標群眾鎖定錯誤，或是有其他問題。在《網路行銷究極攻略》的漏斗感測（funnel audibles）章節中，我詳細說明了如何增加上述頁面的顧客轉換率。如果你的數字有問題，請參照並進行除錯。

　　當你的成本攀升到 7 至 8 元美元時，要保持獲利就會變得相當有挑戰。我個人的每週漏斗目標如下。你的目標也許不一樣，但是不妨參考我的目標，掌握大致方向。

每週現場網路研討會統計數據

- 1,000 人註冊（廣告支出 3,000 美元，每人註冊成本 3 美元）
- 250 名網路研討會參加者（出席率 25%）
- 25 個課程購買數（成交率 10%；銷售額達 2 萬 5,000 美元，且單人消費達 997 美元 ）
- 25 次購買課程重播服務（銷售額達 2 萬 5,000 美元，且單人消費達 997 美元）
- 4 萬 7,000 元淨收益（銷售額達 5 萬美元，扣除 3,000 美元的廣告投放支出）

　　以上述公式，我每週投放廣告 3,000 美元，創造當周銷售額 5 萬美元，並讓我的名單增加 1,000 名新成員！這是每週的目標。在部分單週，有時我們無法達到 1,000 名報名者的標準，但有些時候

又會突然收集到 2,500 名報名者，甚至更多。不過，我們就是以此為目標，並且每週舉辦網路研討會（是的，我們不斷進行相同的網路研討會），這就是穩定產出客戶新名單與金流的方法。

所以，每週我都會進行現場網路研討會，向觀眾銷售新的機會。我在週一至週四早上推廣網路研討會，並盡可能地讓更多人參加週四晚上的活動。然後，我會在週四晚上進行研討會直播，並提供超值方案。接著，在週五、週六、週日提供重播版本。到了週日半夜，我就會下架超值方案，並停止受理報名。然後，重新在週一早晨繼續推廣活動宣傳，直至週四為止。就是這樣。這就是完整的模型。

剛開始起步時，不要企圖立刻找到一千名報名者。你可以先對更小規模的團體進行測試。我喜歡至少有一百名與會者參與的簡報測試，這代表需要至少三百人報名參加。我的建議是，不妨從縮小廣告預算開始。先實戰測試簡報數次、除錯，並掌握轉換率。接著，你就能逐漸下更多廣告了，因為這時你大概已經抓到可能的報酬率範圍。

一開始，什麼事都有可能發生。臉書可能會搞砸你的廣告。你的網路研討會軟體可能會失誤，根本沒錄到課程，或出現其他技術問題，也有可能在直播中途斷線。各種問題會蜂擁而至。有時候，甚至根本沒人參加！

但請保持信念。請堅持你的計畫，並一週週持續推進。計畫的開始有可能會讓許多人感到困頓。請不要放棄！不久後，你將會得到穩定的人流。

網路研討會漏斗流程

　　現在你了解運作模型了，讓我們來看看，如何用漏斗將人們從報名狀態推往實際購買。

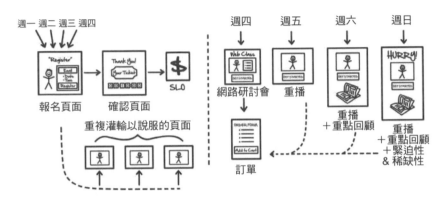

圖 16.5　週一至週四你必須推廣網路研討會，並讓報名者透過後續漏斗進行暖身。週四是現場網路研討會，而週五至週日則主打重播版本。回到週一，繼續重複上述循環。

步驟一：將流量導向網路研討會報名頁

　　推高網路研討會報名率的關鍵就是……好奇心。真的，假如你的報名頁面無法擁有高轉換率，就是因為你的資訊太多，而觀眾認為自己已知道答案。只要他們自認了解你要講的內容，就不可能報名或參加。反之，如果他們覺得必須報名才能知道答案，自然會現身參加。

　　之前我介紹的標題：「如何做到 ＿＿（他們最期望的事），而且

不必 ＿＿（他們最恐懼的事）。」正是讓人報名的關鍵。以下我將介紹我的網路研討會的漏斗腳本標題類型。

圖 16.6　**你的網路研討會報名頁面應該要有引發好奇心的標題。**

　　有時候我會讓標題更有趣味，以增加好奇心。畢竟這正是我們開始推廣漏斗駭客網路研討會的主要報名頁面。

圖 16.7　如果你的報名率不足，就必須個別測試標題，並提高引人好奇的程度。

我希望你可以注意到此頁面的幾個重點。

照片很不合理：你看到這頁面時，一定無法理解為什麼我選這張照片。這讓人感到困惑。你可以選張跟主題有一點關係，但又相當模稜兩可的照片，以大幅提高轉換率。我不建議在網路研討會報名頁面放上影片。通常來講，影片效果不會比怪怪照片好。不過如果你決定放影片，也請先測試過沒有影片的版本。

標題要超級引人好奇：「目前我的怪怪利基漏斗每天賺進17,947 美元！要如何在十分鐘內打破這紀錄呢！」這標題給了你一些關於這場活動的暗示，不過也讓人有許多疑問：

- 利基在哪裡？
- 真的有可能每天賺進 17,947 美元嗎？
- 照規矩來，真的能打破紀錄嗎？
- 只要十分鐘？

頁面要運用緊迫性與稀缺性：緊迫性與稀缺性是讓人行動（報名、參加、購買）最好的工具。這也是你的祕密武器，千萬要記得使用。

步驟二：將報名者引導到自償性優惠的感謝頁

等人們報名後，我們會將他引導到感謝頁面，並提供網路研討會的基本資訊。我會在這頁放上影片，介紹我為何對這場網路研討會感到興奮。他們需要感覺到我對此主題的熱情，否則他們到時候可能不會上線。請記得，報名頁面的關鍵就是好奇心。感謝頁面的關鍵則是你的熱情和興奮感，這也是他們在網路研討會將感受到的氛圍。

感謝頁面的最大祕密在於你可以（也應該）賣點東西給報名者！我們稱此為「自償性優惠」（self-liquidating offer）。這麼做的理由如下：

- 自償性優惠的意思是，這可以讓你結算廣告成本。沒錯，通常你可以透過在感謝頁面提供的產品攤平廣告成本。這意味著你在網路研討會上賣出所有的產品都是純利潤！

圖 16.8　在感謝頁面上，你要提供自償性優惠的方案，以攤平你的廣告成本。

- 如果他們買的是與網路研討會內容相關的輔助產品，那麼出席率會更高。
- 採取行動的買家傾向保持行動，除非你打斷他們。這代表如果你在網路研討會之前就成功讓對方消費，他們很可能也會在網路研討會當下購買東西。

　　我喜歡讓自償性優惠方案相當便宜，通常價格落在 37 美元至 47 美元之間，或是免費（或 1 美元）試用會員網站。當我們開始推廣漏斗駭客網路研討會時，就決定要讓人在感謝頁面得到免費試用的 ClickFunnels。在此模型之下，第一年內在感謝頁面點選

ClickFunnels 試用版按鈕的人次超過一萬五千人，至今仍有四千五百名會員保持活躍。如果你簡單計算一下，就會知道我們每月可賺進 45 萬美元以上，這都僅僅來自感謝頁面！

步驟三：寄送一系列的前導信件

從人們報名網路研討會到現場直播當天，中間大約有一千萬件事會讓他們分心，導致最終無法上線。如果你不夠謹慎，那些你投下廣告費用所尋覓到的潛在顧客可能在禮拜四之前就忘了你是誰。

在這段時間裡，我會寄給他們報名者專屬影片，向他們介紹我的概念、讓他們對網路研討會感到興奮，並創造預售的環境。對我來說，每個影片都有預售架構的功能，也就是我講解三大機密時會運用的架構。請記得，三大機密都是用來破除錯誤的信念模式。因此，我會製作影片講解信念模式；告訴報名者，我會在網路研討會當天提供他們架構、破除自己的問題，並得到理想結果。不要回答任何問題，你只要吸引他們參與網路研討會並學習即可。

很多人會質疑，「如果有人在週三才報名，但在網路研討會開始前，只能發送一兩封前導 email 怎麼辦？」

重點是，前導 email 系列並非成交的必要因素。這僅有增強功能。如果他們只看到一支影片，就來參加網路研討會了，那也沒問題。你可以在會後繼續發送第二支或第三支影片，有何不可？你不須為此感到焦慮。很多時候，前導 email 的其他功能是為了讓潛在顧客重播影片，或在網路研討會結束後購買。

步驟四：發送提醒

週三開始發送提醒。你可以發布一些簡短的 email 或訊息，例如：「嘿，不要忘了明天我們要在＿＿＿＿直播討論＿＿＿＿喔！」很多人不會每封信件都讀過，因此我會在網路研討會前一天、當天早晨以及活動開始前一小時與前十五分鐘發信，最後一封信則會寫著：「我們上線了，快來參加吧！」

步驟五：網路研討會現場直播

我喜歡在週四進行網路研討會。有些人喜歡週二或週三，不過這都無所謂，更重要的其實是前導介紹 email、完美網路研討會架構，以及後續發展等。

ClickFunnels 不僅有自己的網路研討會平台。它還可以建造所有的報名頁、前導信件與訂單等，不過網路研討會必須使用專屬平台進行現場直播。我們使用的平台是 GoToWebinar.com 和 Zoom.us。這兩個平台都相當好用，而且也容易與 ClickFunnels 帳戶連結。

至於網路研討會的時間點端看你的市場屬性。我會在白天舉辦網路研討會，因為我的與會者多半為網路創業者，白天行程多半通常比較彈性自由。其他市場的會員則可能有朝九晚五的工作，那他們可能更適合夜間的網路研討會。因此，你舉辦網路研討會的時間，端視你的特定族群而定。

通常來講，約有四分之一的報名者會出席。如果出席率低於四分之一，請專注加強前導 email 的流程、在網路研討會開始前寄送

訊息、在開始前一小時寄送 email，以及活動十五分鐘前再寄一次。你花了不少錢才讓他們來報名，現在你必須再推一把，讓他們準時出現在直播活動中。

當我的簡報要從內容介紹進入銷售部分時，我會看一下還有多少人在線上，並以此作為成交數字的依據。所以，如果我線上還有 250 名與會者，我會在六十分鐘時開始進行銷售提案，因為我知道如果我的成交率有 15%，就代表也許能進帳 3 萬 7,500 美元。

你的成交率會如何呢？一開始，我猜應該會非常低。這就是為什麼你需要現場進行網路研討會無數次的原因。如果你的成交率達到 5%，可以說你有了一個很不錯的網路研討會，並且很可能在前端獲利。如果你的成交率有 10%，那麼（我相信）你的網路研討會的銷售應該會是每年約 100 萬美元。如果成交率超過 10%……那我告訴你，以 15% 的成交率來說，我們公司第一年的銷售額逼近 1,000 萬美元。所以，藉由反覆修正簡報、頻繁透過直播提供新機會，持續提升、優化你的轉換率。

步驟六：發送後續追蹤信件，並製造最後一分鐘的緊迫性

網路研討會一結束，我就會把重心轉向重播的規畫上。有很多人會為重播感到巨大壓力，但主要關鍵仍在於稀缺性與緊迫性。這是讓人行動的關鍵。我的銷售量通常會在網路研討會結束與週日凌晨結束成交時**翻倍**。

通常，我會在週五、週六與週日寄送後續追蹤信件，並夾帶網路研討會的重播連結。我在第一天會提及我們收到很好的回饋，許多人要求觀看重播，因此我們提供了連結……但他們手腳要夠快。等購物車關閉，重播連結也會跟著失效。

有時我會在後續信件夾帶快速複習的 PDF，有點類似教學筆記，此檔案會重整我們在網路研討會討論的重點。我甚至會將投影片製作成 PDF，讓他們有機會再次瀏覽會議涵蓋的重點。有些人喜歡文字勝過影片，因為大部分人都很忙碌，無暇重看九十分鐘的影片，但是他們會很快地瀏覽你提供的 PDF 檔案。在這封追蹤信件裡，我也會提醒他們，購買連結時效只到週日。而在這幾天裡，我們會強化稀缺性與緊迫性。如果你讓人們認為他們有時間慢慢決定，那他們永遠都不會購買。

最後一天，我還會寄出幾封 email 提醒我們即將在凌晨關閉購物車。再次強調他們應該購買的原因，並交由他們決定。很多人會在半夜前一分鐘按下購買按鈕，這實在太棒了！

步驟七：關閉購物車

週日凌晨，我們必須關閉購物車。銷售結束，購買按鈕也已經失效。就是這樣。你已經完成了完美網路研討會漏斗。

步驟八：重複循環

來到週一早晨，你重新開始步驟一，推動流量。你每一次進行

這流程，都會有所進步。你會想出不同的呈現方式，帶來更多消費者。你會回答更多的問題。你會精進廣告投放策略。重點在於，千萬不要在第一次結束後就放棄，特別是第一次成果不如預期的時候。

利茲・班妮第一次舉辦網路研討會時，根本沒人參加。儘管有數百人報名，但是不知為什麼，沒有任何人現身。她花了幾個月時間準備，卻無人聞問。不過，她沒有放棄，繼續深入研究自己的流程規畫。最終在第一年的時間，打進了百萬美元俱樂部。你做得到嗎？如果你知道自己可以在一年內，達到六位數或七位數的收益，你會願意在第一次失敗後持續前行嗎？嗯……我也是喔。

那如果你在第一次現場網路研討會就得到很好的效果呢？你應該將其自動化，並開始其他計畫嗎？不行！這是人們會犯的最大錯誤之一，就是太快自動化。我在團隊將漏斗駭客網路研討會自動化前，至少親自執行近六十次以上。我們花一整年時間推動內容一模一樣的網路研討會，每週如此。有些時候，我一週甚至會進行到五、六次。事實上，我現在依然會每個月進行數次網路研討會。

當我們最後將自動化網路研討會時，簡報已經日趨完美，涵蓋了所有可能的質疑。我們知道如何得到流量，也掌握最正確的後續規畫。現在，重點只剩數字了。因為我們花費無數心力完善網路研討會，而我們的自動化版本表現最後也符合預期。

因此，最後一步就是重複你的網路研討會。一次又一次重複。你必須每週進行一次，為期一年，並觀察你的銀行帳戶金流，以及你的專家地位。

完美網路研討會捷徑

THE PERFECT WEBINAR SHORTCUT

如你所見，要創造出完美網路研討會相當費功夫。很多人要花至少一兩個禮拜才能架構出第一個網路研討會。儘管我已經使用相同形式數年，現在要籌備一場演說內容也還得花數天時間。雖然，以數百萬美元的收益來看，這點時間不算什麼，但有時候，你總會希望能更快測試新提案。

舉例來說，數年前我幫助一位好友推動一間新公司，主打產品是自動化網路研討會軟體。他的銷售規畫非常中規中矩，而公司漏斗的銷售與流量也很普通。接著，他決定舉辦聯盟行銷比賽，贏家可獲得 5 萬美元。

我覺得活動好像滿有趣的，而我唯一的勝算可能就是改變他賣產品的方式。於是我計畫製作完美的網路研討會簡報，但是等比賽逼近截止日時，我發現時間不夠了。我的競爭對手有近一百位，而

他們早已開始推廣好幾週了，我遠遠落後。我離截止日只剩幾天的時間而已。

我本來打算放棄、徹底打消繼續的念頭，但是我突然有了個點子。如果我能在短短十五分鐘內製作完美網路研討會，並將它上線呢？哈！（我先嘲笑了自己一番，接著開始認真思考）。我知道我不可能用傳統的 PowerPoint 或 Keynote 製作。但假設我用最簡單的白板來進行呢？

我不知道這行不行得通，但也只能奮力一搏了。因此我開始問自己很多這本書中提過的問題。我將在此為你快速複習一遍，因為這也是為何我能在短短十五分鐘內完成網路研討會的製作的原因。（注意：假如我有更多時間，所有的組成元素都可以更強而有力，但因為我在十五分鐘內就要完成，所以必須快思快想）。

我想讓你看看，當你運用這本書的概念作為指引時，可以將哪些內容結合在一起。

問題 1：我提供的「新機會」是什麼？

當時我們要賣的產品是自動化網路研討會軟體，這不是多新的產品。因此，我打算運用我的每週網路研討會架構提升銷售，作為新機會。這是（當時）多數人沒嘗試過的新機會：

使用我的每週網路研討會模型提升銷售！

問題 2：我可以為購買者提供什麼「特別方案」？

我花了五分鐘在白板寫下我的方案組合，針對那些透過我的連結購買之消費者，說明我將提供的所有項目。我朋友的軟體可以幫助人們舉辦網路研討會，因此，我絞盡腦汁想出一些我已經有的東西作為加值，提高他的銷售完善性。我的堆疊式策略大致如下：

你會得到……
- 完美網路研討會腳本　　　　　$497
- 完美網路研討會訓練課程　　　$9,997
- 我的成交直播影片　　　　　　$2,997
- 完美網路研討會漏斗　　　　　$997
- 我的網路研討會漏斗　　　　　無價

總價值：$14,988

問題 3：這個提案的巨大骨牌是什麼？

如果我可以讓他們相信，要在未來一年內獲利七位數，使用我的模型進行網路研討會是唯一方法，那麼他們就會買單。因此我寫了這樣的標題：

如何用此網路研討會模型在明年創造（至少）七位數收益。

問題 4：我要用什麼頓悟橋起源故事擊倒巨大骨牌？

我會說說我第一次活動的慘況，以及阿曼．莫林教我的堆疊概念。我如何因此開啟了設計完美網路研討會架構之路。

我會在第一機密階段，傳授完美網路研討會架構。

問題 5：我要教導的架構是什麼，以及我要打破哪些錯誤信念（途徑）？

- **架構**：完美網路研討會架構
- **錯誤信念**：完美網路研討會對我無效
- **事實**：你需要對的腳本
- **故事**：我會說說自己如何發展完美網路研討會架構的故事

第一機密標題：一切關鍵都在於腳本

問題 6：我要教導的架構是什麼，以及我要打破哪些錯誤信念（內在信念）？

- **架構**：每週完美網路研討會架構
- **錯誤信念**：我做過一次網路研討會，結果搞砸了
- **事實**：你需要每週進行一次，並持續一年

- **故事：**我會分享自己每週進行網路研討會，並讓 ClickFunnels
  茁壯的故事

第二機密標題：了解模型

問題 7：我要教導的架構是什麼，以及我要打破哪些錯誤信念（外在信念）？

- **架構：**轉換至自動化網路研討會架構
- **錯誤信念：**我得做現場網路研討會一輩子了
- **事實：**你可以將完善度提到最高，並自動化
- **故事：**我會說說我們進行六十次現場網路研討會後，如何將
  漏斗駭客自動化的故事

第三機密標題：你必須一直做現場直播，直到……？

現在，這些可能都還不是全世界最棒的標題，我也相信開始寄
信後幾天，我可以日臻完美。不過我只有十五分鐘完成工作。

接下來我必須想辦法在最短時間內盡可能將訊息散布出去。我
沒有時間打造網路研討會漏斗拉進所有人。我需要立刻展開銷售。
因此，我拿出兩支手機開始在臉書與 Periscope 兩個平台按下直
播。我在兩個平台都有為數頗多的追蹤人數，因此短短幾秒內我就
能觸及上百人！

圖 17.1　就算沒有充裕時間，你也可以在短短十五分鐘內準備好完美網路研討會。

我的演說只是把我所知進行應用，我分享了頓悟橋故事，接著進入堆疊與成交。

在二十六分鐘三十二秒，我的發表結束了。我不確定好或壞，時間太短了。於是我檢視數據，看到了訂單滾滾湧進。

接下來的三天，我還能繼續在臉書或其他平台推廣我的提案。三天內大約有十萬人看了影片。最後我們的銷售成績高達 25 萬美元，我也得到了 5 萬美元的獎金！以十五分鐘的準備時間來說，表現實在優異！

正當我覺得一切已經夠順暢無比了，更棒的事情發生了，寶林夫妻看到我的影片後，便決定以此為模型。那天傍晚，他們在臉書直播影片，進行了幾乎與我一樣的操作。他們在白板寫下堆疊，凱琳也在紙上寫下自己的三大機密，在演講與分享個人故事的同時，

圖 17.2　寶林夫妻看見我的臉書直播後，參考完美網路研討會捷徑範例，為淑女總裁運動做了一樣形式的發表。

在鏡頭前展示。

　　寶林夫妻的第一次嘗試就賺進了超過 10 萬美元，而他們現在每個月都會執行。事實上，他們最近曾在單次臉書直播活動中達到了 65 萬美元的超級業績。他們只用了白板與白紙，運用完美網路研討會腳本，甚至不需要 PowerPoint 投影片。

優點

　　使用完美網路研討會捷徑的好處是，觀眾直接看到你的演說影片。但在傳統的網路研討會裡，許多觀眾可能在每個階段陸續流

失。當人們點擊你的著陸頁時，或許有 40% 的人報名，最終有 20% 的人上線。當你現場直播時，幾乎所有看到演說發表的人（現場或是日後重播）都會被立刻吸引而觀看。

另一個優點是當你完成影片介紹後，還可以將它變成廣告，並引導人們不斷進入漏斗。我和凱琳不斷透過廣告推播影片，持續將觀眾轉換為消費者，成果是我贏得了比賽，而他們則賺進 65 萬美元。

缺點

如果你還沒熟悉現場型的網路研討會，那我不推薦你採用完美網路研討會捷徑。因為要做臉書或 IG 直播的壓力非常大，你得熟背腳本，觀眾的提問也可能相當辛辣。我認為，你應該在比較非公開的狀況下先熟悉演說技巧，這絕對是比較聰明的選擇。等你對腳本已經相當熟悉之後，再到臉書或 IG 進行現場活動測試，看看感覺如何。

當你掌握完美網路研討會腳本後，你會更懂得說故事、提出銷售方案。你可以在短短時間內銷售任何產品。完美網路研討會真的很棒。唯一的失敗可能在於有些人不按照我在本書的建議進行操作。事實上，如果你嘗試了，卻沒有成功，以我的經驗來看，原因不外乎以下幾種：

• 你選錯市場，所以沒人想聽你的演講

- 你提供改進版提案，沒人想買這個
- 在觀眾購買策略以前，你就先教了戰術

　　如果你選對市場、提供無可挑惕的新機會、善用你的簡報演說打破觀眾的錯誤信念，並重建他們對新機會的信念模式，這絕對有效的。我保證！

　　如果你觀察我的網路操作，就會看到我在任何情境與平台都是運用這套腳本與故事結構，包括影片銷售信、遠端討論會、產品發表影片、Google Hangouts、臉書直播影片，甚至是那一系列的行銷前導信件。

完美網路研討會的重點備忘錄

　　善用這份備忘錄，快速架構你的完美網路研討會。

1. 我提供的**新機會**是什麼？
2. 我能為買家創造的**特別提案**是什麼？
3. 這提案的**巨大骨牌**是什麼？
4. 我用來打倒巨大骨牌的頓悟橋**起源故事**是什麼？
5. 我要教導的架構是什麼，要打破哪些錯誤信念（途徑）？
6. 我要教導的架構是什麼，要打破哪些錯誤信念（內在信念）？
7. 我要教導的架構是什麼，要打破哪些錯誤信念（外在信念）？
8. 我要如何架構好堆疊與成交，以提升我的銷售轉換率？

五分鐘完美網路研討會

THE 5-MINUTE PERFECT WEBINAR

「你知道對你皮膚最好的元素，不是來自植物嗎？我知道這聽起來不可思議，因為我們都聽說植物油、精華液、植物萃取物的好處……但事實上，還有對你的皮膚更好的元素，今天我想要跟你分享三個會徹底改變你護膚方法的祕密！嗨，我是潔美‧克羅斯，我是藥草專家……」

等等，什麼，她是說三個祕密嗎？

我當天早上才跟潔美‧克羅斯一起上了她的第一次核心圈課程。一開始我不知道她為何會出現在我們的會議室裡，不過當她站上小小的講台時，我才發現她的運作方式相當獨特。

潔美有一間護膚公司，是她和先生在數年前創業建立的。之前他們都在農夫市集賣手工乳液與肥皂。在那段期間，她發現了我的 YouTube 影片，並進入我的漏斗。幾個月後，她來參加漏斗駭客大

會，並學會完美網路研討會腳本。

　　為什麼我說潔美的工作方式相當獨特呢？因為很多我們社群裡的人都不知道如何運用完美網路研討會販賣實體產品，他們不知道如何運用在自己的領域裡。有很多商務賣家告訴我，他們認為此架構只適合作家、演講者、顧問與教練。雖然我一再告知對方操作原則其實可以廣泛運用，但是他們總會堅持自己的領域格外不同。只有潔美是例外。

　　她認識了完美網路研討會後，她問自己，「這對我的生意有幫助嗎？我要怎麼用這來賣肥皂？」她試著做了九十分鐘的網路研討會，想賣出 200 美元的乳液與肥皂組，卻失敗了。因此她決定用看看這個架構，並加以修正，試著賣出 39 美元的產品。在經歷了數個月的嘗試後，她推出了新的五分鐘完美網路研討會，並且大獲成功！她在六週內達成 13 萬美元的銷售額，並在第一年創下將近 200 萬美元的業績！

　　那天晚上，我坐在那裡看著她如何用我的架構，做出潔美版本的五分鐘產品發表，我了解到我們的完美網路研討會可以適用於任何領域。五分鐘的迷你版本可用於廣告、著陸頁、影片銷售信等。在下一章，我將會教你怎麼在不同情境下的不同漏斗使用，不過我希望你可以藉由潔美的故事了解，此架構可以用於任何生意，你只需要將你的心力投入在已獲認可的架構。

圖 18.1　潔美成功打造出她的五分鐘完美網路研討會，販賣較低價格的乳液潤膚餅。

五分鐘完美網路研討會腳本

在潔美成功後，我希望她能夠向其他網路賣家、以及任何需要投放廣告或迷你版完美網路研討會的使用者證明，他們如何能加以應用本書所學，修改成更輕薄簡便的產品發表。於是，潔美和我的 FunnelScript.com 合作夥伴吉姆・愛德華（Jim Edwards）協力完成

了讓所有人都可以使用更簡單的腳本，快速創造自己的五分鐘完美網路研討會。以下是他們整理出來的腳本內容。

腳本結構

　　嘿，你知道嗎（大誤會）？

　　我知道這聽起來不可思議，因為我們常聽說＿＿＿＿＿＿（常見認知），不過今天我要和你分享更重要的三個祕密，這將會徹底改變你＿＿＿＿＿＿（在他們的生活中，你即將徹底改革的領域或面向）。

　　我是＿＿＿＿＿＿（你的名字），而我是你的＿＿＿＿＿＿（你的角色），將幫助你完成＿＿＿＿＿＿（成就）。

　　好，那什麼是＿＿＿＿＿＿（你想討論的重要想法）？

　　那就是＿＿＿＿＿＿（內容）。

　　也是＿＿＿＿＿＿（關於內容的更多細節）。

　　因此我想跟你分享三個關於＿＿＿＿＿＿（內容）的祕密，而你可以得到＿＿＿＿＿＿（巨大收穫）。

　　我知道你或許在想＿＿＿＿＿＿（質疑）。

　　但是，我會教你一套很棒的方法＿＿＿＿＿＿（他們可採取的行動），並得到完美結果。

　　首先，第一個祕密是＿＿＿＿＿＿。

　　它的概念是＿＿＿＿＿＿（第一個祕密的重要概念）。

　　這很重要，因為＿＿＿＿＿＿（為什麼第一個祕密重要）！

　　第二個祕密是＿＿＿＿＿＿。

　　最關鍵的是了解＿＿＿＿＿＿（第二個祕密的重要概念）。

也就是說＿＿＿＿＿（為什麼第二個祕密重要）！

第三個祕密是＿＿＿＿＿。

這裡的關鍵是要了解＿＿＿＿＿（第三個祕密的重要概念）。

這很重要，因為＿＿＿＿＿（為什麼第三個祕密重要）！

現在，我知道你或許在想什麼。

＿＿＿＿＿（下一個質疑），對吧？

然而，有趣的是＿＿＿＿＿（他們不明白的真相）。

因此，我已經＿＿＿＿＿（發明、創造或找到某種方法），並讓你可以＿＿＿＿＿（透過你揭露的方法，他們能達成什麼目標）。

＿＿＿＿＿（是什麼讓這一切如此特別）。

這將會帶來＿＿＿＿＿（這會為他們帶來什麼）！

而我，作為＿＿＿＿＿（你的角色），已經達成＿＿＿＿＿（一定程度的成就），我會教你＿＿＿＿＿（超級能力與成功的祕密）。

因此，我已經為你＿＿＿＿＿（你創造或為他們做了什麼）。

只要你按下連結，就可以得到＿＿＿＿＿（按下連結後可獲得的）。

坦白說，我不確定我們能提供＿＿＿＿＿（你發明、創造或找到的產品或服務）多長時間，未來價格或許會調漲，因為＿＿＿＿＿（你無法持續提供此方案的原因）。

所以，在連結失效前，請點進連結，你今天就能得到它。

我們會一直在這裡協助你，我無法一次講完我們為＿＿＿＿＿（鎖定族群）所收穫的全部豐美成果，他們曾經也和你一樣為了＿＿＿＿＿（問題）所苦。

我們也會有_____（另一個 OTO 行銷模式 ❶ 的提案），不過今天我們只談_____（你發明、創造或找到的主題），因為這真的很棒。

我希望你盡快加入。

祝你有美好的一天。

這就是五分鐘完美網路研討會腳本。你可以用此製作臉書直播，並讓消費者藉由廣告進入你的漏斗。也能用來作為漏斗的行銷頁面，特別是用來販售那些在你的價值階梯內較低價的選項（最好低於 100 美元）。通常，產品訂價越高，你的報告時間將越長，不過你現在已經觀摩過九十分鐘以及五分鐘的版本，希望你可以運用此架構，並設計出符合你需求的腳本。

---

❶ OTO（Online To Offline），即「線上到線下」，又稱離線商務模式，是一種將線上客源導流至線下通路消費的行銷方式。

將專家機密代入價值階梯

PLUGGING "EXPERT SECRETS" INTO YOUR VALUE LADDER

　　我們都在電影看過，英雄（你的夢幻顧客）找到指引者（你），帶領他們走上想要的旅程。我希望你可以將專家或領導者的角色，視為我們在世界上的召喚。

　　在此部分，我將教導你如何將自己的個性、故事、架構代入你在《網路行銷究極攻略》所學的價值階梯，並領導夢幻顧客得到他們渴望的成果。你已經擁有所有的銷售工具了，接下來只需要了解在這架構裡，你必須一一代入每個「頓悟」時刻。

頓悟廣告

　　在《流量機密》裡，你必須深入思考如何將夢幻顧客塞滿你的漏斗。而你閱讀此書時，會發現我們用來吸引夢幻顧客目光的誘餌就來自本書。

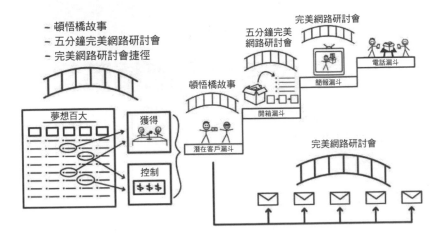

圖 19.1　你可以在潛在客戶漏斗使用頓悟橋故事，在開箱漏斗中運用五分鐘完美網路研討會，執行簡報漏斗時採用完美網路研討會。

當我要發展誘餌、抓住夢幻顧客的目光時，會從幾處找尋點子，以下提供你參考：

- 你的頓悟橋故事
- 你的架構
- 你丟進石頭的紅海
- 你的新機會
- 你奠基於未來的視野之元素（你的平台、身分認同轉換、改革宣言、里程碑勳章）
- 你的提案
- 你的簡報發表

你為你的社群所發展的一切，都會讓他們起身並追隨你。每一則你傳遞的訊息與廣告都會有你的故事與個性。

雖然我們總是不斷測試廣告內的各種誘餌，但是我有三種最喜愛、獲利也最高的廣告形式。

廣告一：頓悟橋故事

我的多數廣告都是關於我如何創造名單磁鐵、網路研討會、出版成書的故事，或是如何在廣告結尾號召人們行動。我會抓住頓悟橋故事的五個簡單階段：

- 背景故事
- 旅程
- 新機會
- 架構（廣告中所提供的）
- 成就

接著，我會行動呼籲，鼓吹人們按下按鈕，並得到架構。有時候得花一整頁才能讓他們提供電子信箱，以便獲得架構；有時候他們則必須參加網路研討會、買書或觀看影片。不過行動呼籲的最後目的，都是導向我在故事中所分享的架構。

廣告二：五分鐘完美網路研討會

自從潔美與我分享她的五分鐘完美網路研討會後（她把這個運

用於放在廣告和著陸頁內的影片），我就對此深感著迷。我為所有的產品都製作了五分鐘完美網路研討會的廣告。

廣告三：完美網路研討會捷徑

推廣新產品或服務時，我喜歡運用這個策略。我通常會為新產品製作完美網路研討會捷徑，用在新產品發表上獲得成功迴響。如果客戶轉換率好，在持續獲利的情況下，我就會繼續買廣告。

頓悟電子郵件的後續漏斗

我最大的突破之一，就是理解我可以把完美網路研討會流程應用在市場營銷的所有領域，包括電子郵件。在《網路行銷究極攻略》裡，我曾提過從安德烈・夏波隆（André Chaperon）那裡學到肥皂劇模式（Soap Opera Sequences, SOS）[47] 的概念，他把首次加入收件名單中的潛在顧客所收到的信件，稱為肥皂劇模式，因為每封信件結尾都會有一個誘餌，吸引你去看下一封，就像影集一樣。

多年來，我一直在使用不同故事結構的肥皂劇模式。不過，當我看到人們把完美網路研討會應用在不同情境下，好比臉書直播、影片銷售信等處，我心中浮現一個想法……這也可用在肥皂劇模式嗎？事實上，我很好奇是否可以透過 email 進行所有行銷，甚至不必引導人們參加報告。這或許看似瘋狂，不過很有可能成功。因此我把完美網路研討會拆解成四個主要故事與堆疊，然後把每個都加入 email 裡進行測試。結果出乎意料的好！既然結果如此之好，我

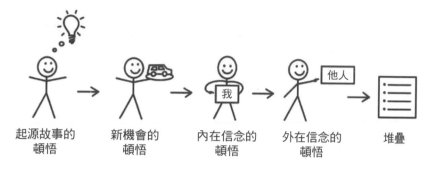

| 起源故事的
頓悟 | 新機會的
頓悟 | 內在信念的
頓悟 | 外在信念的
頓悟 | 堆疊 |

圖 19.2　你可以在電子郵件的後續追蹤使用完美網路研討會架構。

們應當回過頭來，把它加入所有漏斗內。

　　到目前為止，我們已經成功使用了幾種方式進行。第一種是為每封 email 寫故事。第二種是製作每個故事的影片，並在 email 中放入影片連結。坦白說，真正重要的是抓緊故事結構，而不是用什麼方法發送故事。

　　對肥皂劇模式來說，關鍵在於所有的 email 都必須吸引人們繼續關注下一封的故事。你可以想想出色的影集、實境秀以及電視節目是如何跨過廣告時間、周而復始牽動著你的好奇心，讓你對接下來要發生的劇情感到興奮，然後赫然結束在某個地方。我們也需要在這些 email 裡做同樣的事情，介紹下一封信的故事時要讓人們感到意猶未盡，以及想等待下封信的焦急感。

　　有些人會問，要如何把我在《網路行銷究極攻略》與《流量機密》的架構，合併在 email 中去改變讀者的狀態，從情感的說服推展到理性認同產品功能，再推往到最後是擔心買不到的恐懼。

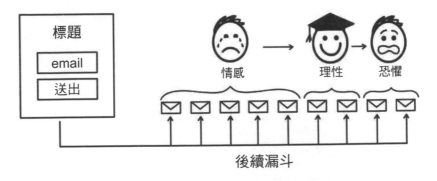

圖 19.3　在後續階段，你應該把前五封信件的重點放在情感的說服，中間兩封放在理性認同，最後兩封放在營造恐懼上。

　　雖然完美網路研討會架構也包含了情感、理性與恐懼層面，而後續階段的前五封 email 是先聚焦於情感。在最後一封訴諸情感的信件中，我會介紹到堆疊。在那之後的信件轉為著重邏輯性說服、營造可能錯過的恐懼，最後結束行銷活動。這代表你要在前五封信件展示主題，最後的二至四封聚焦邏輯與恐懼的推展。

頓悟名單磁鐵

　　我的很多潛在客戶漏斗都很簡單。大多數情況下，我是為了廣告中的潛在客戶漏斗說故事。我通常會快速總結或再次複述頓悟橋故事，展現架構的價值，只要他們給出電子信箱就能換取到這好東西。這可以透過影片或頁面上的文案達成目標。

圖 19.4　你可以在名單磁鐵內分享頓悟橋故事。

我會在這些頁面使用的簡單架構：

- 背景故事
- 旅程
- 新機會
- 架構（我作為領導者所提供的）
- 成就

頓悟開箱漏斗

當我們往價值階梯上方移動時，會開始發現自己處於開箱漏斗

狀態。你通常不需要花整整九十分鐘時間才能說服別人為一本免費的書出點運費、或是買一塊 39 美元的乳液潤膚餅。

這就是為什麼五分鐘完美網路研討會實用的原因。是的，我們可以把它當廣告，不過也可以用它當銷售頁面的行銷影片。

你會發現，我在所有的開箱漏斗裡都做了一樣的事。

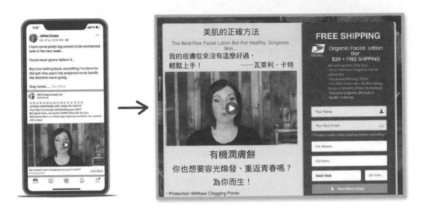

圖 19.5　潔美展示了她如何在廣告與開箱漏斗中，善加應用五分鐘完美網路研討會架構。

圖 19.6　我在開箱漏斗裡運用五分鐘完美網路研討會架構。

頓悟影片銷售信漏斗

你的影片銷售信漏斗就是簡單的完美網路研討會呈現，只是你錄下來，並放入行銷頁面。有些時候，我會用整場九十分鐘的網路研討會錄影，這可以作為我的影片發表。其他時候，我通常用完美網路研討會捷徑來製作三十分鐘的版本，兩者我都成功了。

圖 19.7　你可以在影片銷售信中運用完美網路研討會架構。

頓悟自動化網路研討會漏斗

在你的（現場）網路研討會漏斗與自動化網路研討會漏斗，都是使用完整的完美網路研討會呈現。我們已經詳細解釋過現場版的網路研討會如何操作，自動化網路研討會的結構也很相似，只是不使用 GoToWebinar.com 或 Zoom.us 現場直播，而是上傳完美網路研討會的錄影，放入 ClickFunnels 頁面。

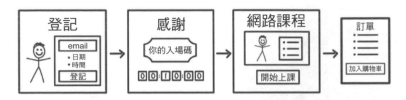

圖 19.8　在自動化網路研討會漏斗，也能使用完美網路研討會架構。

圖 19.9　我們依循完美網路研討會架構，應用在漏斗腳本軟體宣傳。

當你抵達價值階梯頂端，看看電話漏斗，那些在我們社群最成功的成員正使用基本的網路研討會漏斗、依循完美網路研討會的架構，接著行動呼籲，引導消費者填寫申請表，而不是訂單。等他們填寫完申請表後你有兩種銷售腳本可運用，這部分你可以在《網路行銷究極攻略》中深入認識。

頓悟產品發表漏斗

另一種簡報漏斗稱為產品發表漏斗，這個漏斗因為傑夫・沃克（Jeff Walker）而廣為人知。

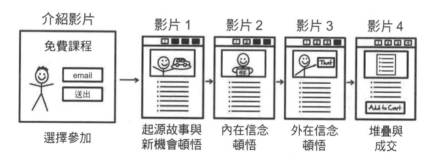

圖 19.10　**產品發表漏斗也能使用完美網路研討會架構。**

在第一支影片裡，你的觀眾會認識到你的起源故事，以及你會在第一機密傳授的架構。在第二支影片，他們會獲得第二機密的架構。在第三支影片裡，觀眾將得到第三機密的架構。影片系列的最後，自然是你的堆疊與成交。傑夫・沃克稱此漏斗為橫向銷售信函（sideways sales letter），不過我稱它為橫向完美網路研討會

圖 19.11　我在漏斗駭客網路研討會使用完美網路研討會架構。

（sideways Perfect Webinar）。

　　你看到了嗎，作為引導者，你的聲音是如何被織進夢幻顧客旅程的架構裡？你在廣告中放進誘餌，你號召他們走上新旅程，你是那個提供他們新機會的人。還有，你的引導幫助他們實現了成就與轉變，獲得他們衷心渴望的結果。

結語

記住，夢幻顧客正在等待你改變世界

　　正式宣告休息一段時間之前，我管理了核心圈將近十年。但我決定在小孩上高中這段時間多陪陪他們，所以要暫停幾年我最高階的教練課程計畫。當時核心圈成員決議在結束前舉行最後一次會議，所有會員從世界各地飛往波夕，參加最後一次的討論會。

　　最後一天時，在我們盡興地結束許多活動後，我站上我們的小講台，感謝所有會員們給我機會在過去幾年為他們服務。我有點哽噎、眼光泛淚，因此我決定停一停。其中的一名會員舉起了手，她詢問自己是否能發表一些感言。

　　她是利茲·班妮，當她開口時，我們第一次碰面的回憶突然湧現在我的腦海。那是我和團隊發表 ClickFunnels 的前一年。事實上，當時只有幾個人知道這祕密計畫，利茲也在此時加入核心圈。由於她住在地球另一端的紐西蘭，因此我們總是必須在相當奇怪的時間通電話，以便讓兩人都能有空檔。我聽得出來她相當興奮，而且在短短的談話裡，我就知道她打算改變世界。她只是需要一點方向而已。

「我記得五年前，我常在網路推播看到羅素的廣告。一開始我覺得很煩，心想，『這十二歲的小傢伙是哪位，一直要我點他的廣告？』最後我終於點開廣告，進入他的漏斗，並且買下他一直推銷的書。」她拿著麥克風說道。

「我一直收到他的信件，看了一些影片，最後加入了這個團體。我還看了一段他做的演說影片，向我解釋為什麼我需要來這會議室。幾天後，我匯了 2 萬 5,000 美元給他，是一筆我用不到的錢。」說到這裡，她也有點哽咽了。

「一開始我有點害怕。我知道我有遠大的人生目標，不過我不知道如何達成。但是在過去五年裡，我跟隨羅素的建議，創造了強大的品牌，並有機會改變世界上無數人的生活。我很感謝自己在五年前傻傻的按了那個廣告，改變了自己的人生。」

我的眼淚順著臉龐流下，甚至說不出半句話來。當我坐在那裡試著恢復情緒時，我很感激自己能成為她的旅程的一小部分。她不但改變了自己，也改變了其他人。

如果你還沒有過這種感覺，不管是現在或未來，你終將能感受到成為他人旅途上的領導者或專家，所擁有的感動──當你幫助他人成就目標或享受成功時，那種感動勝過自己成功千萬倍。這會讓人上癮，很快你就會越來越想用自己的經驗幫助他人。

我很感謝你能在這段旅程中給予我信任。你的回饋對我相當重要。如果你在本書所學能協助你貢獻更多自己的長才，那就算成功了。

請記得，這是一本攻略。請不要只讀一次，就放棄。請把它放

在手邊，並常常翻閱。這本書是系列書籍的其中之一。

《網路行銷究極攻略》是架構。此書能幫助你了解並駕馭漏斗建造的科學。

《專家機密》是火焰。它幫助你掌握行銷與說服的藝術，你需要這些技巧改變那些你要服務的消費者們。

《流量機密》是燃料。它會告訴你如何讓網站與漏斗盈滿夢幻顧客。

我希望你能利用這些機密，找到更多夢幻顧客，並以最好的方式輔佐他們。他們在等待你的尋覓，並改變他們的人生。如果你專注於此，你的事業將會成為他們生活改變的催化劑，這也是我們經營事業的真正目的。

謝謝你允許我與你分享這本書與這系列書籍。我真的感到非常榮幸，迫不及待想看到你們會如何運用這些架構、發揮在自己的領域。你可以在任何社交媒體上聯繫我，和我打個招呼，並請與我分享這些「機密」如何改變你的生活。

謝謝
羅素・布朗森

請記得，你與心中渴望之事只有一個漏斗的距離。

致謝

　　我想先特別謝謝戴肯‧史密斯。數年前，我們談過信念，以及當一個人真心相信某件事時，什麼都是可能發生的。接著我們也討論到，如何能在我們所服務的人心中創造真實的信念。那場談話讓我走上了一個長達五年多的旅程，精華都在此書。你會看見很多我在戴肯‧史密斯身上學到的東西，全都編織進這本書裡了。如果沒有他的想法，這本書不可能誕生。

　　我想謝謝佩里‧貝爾徹，他幫助我了解到新機會與地位的概念。謝謝丹‧甘迺迪，教我運用魅力人物與溝通技巧。謝謝麥可‧豪格讓我了解故事結構。謝謝布萊爾‧瓦倫教我說服他人。謝謝傑森‧法藍德安教會我破除錯誤信念與重建新信念的模式。謝謝阿曼‧莫林創造了堆疊。這些珍貴的概念都是本書的基石。

　　我非常感謝我的核心圈大師班成員以及 ClickFunnels 的漏斗駭客社群，你們願意接受如此瘋狂的點子，並在數百種不同市場測試，你們展現出大規模測試的超級能力，在直接行銷市場歷史裡，這樣的規模可說是前所未見。我們也因此能看到這套概念在不同市場的應用效果，並針對回饋進行校正。此書正因為有你們的實踐與縝密測試，而更臻完美。

　　我也知道如果沒有我的 ClickFunnels 團隊：陶德・狄克森、狄倫・瓊斯、萊恩・蒙哥馬利（Ryan Montgomery），以及其他開發部門成員的努力，這一切不可能完成——我們一起打造 ClickFunnels，並讓它持續進步。這個平台讓其他與我一樣的創業者能夠將自己的理念傳遞給全世界。感謝約翰・帕克斯（John Parkes）、戴維・伍德沃德（Dave Woodward）以及整體行銷團隊，讓我們能將 ClickFunnels 的訊息分享給世界上所有的創業者。謝謝布萊恩特・科波特（Brent Coppieters）與他的合作團隊，為創業者們提供了最好的消費者體驗。我也感謝每一個對社群有貢獻的人。我們在 ClickFunnels 上創建了這個運動，有很多了不起的人參與其中，我實在無法一一答謝。

　　我還想感謝史蒂芬・拉森始終如一地為此書提供意見。如果不是你對這本書抱持如此熱情，我根本無法完成。感謝朱莉・伊森（Julie Eason）花了將近一年的時間幫助我完成這本書……兩次。如果沒有你，現在恐怕還只是一堆無法出版的凌亂點子。最後我想感謝喬伊・安德森（Joy Anderson）讓再版成為可能。我不敢相信我們在短短時間內，完成了多少事情。

　　謝謝你們。

章節附註

前言

1. Churchill, Winston S. "Quote by Sir Winston Churchill." *Goodreads*. Accessed December 16, 2019. https://www.goodreads.com/quotes/67420-to-each-there-comes-in-their-lifetime-a-special-moment.

Part One

機密 #1

2. Abraham, Jay. "Jay Abraham - People are silently begging to be led."*Facebook*. Last modified July 27, 2012. https://www.facebook.com/JayAbrahamMarketing/posts/264556476981874.

3. Bilyeu, Tom. "Tom Bilyeu on Instagram: There it is. Those are the steps."*Instagram*. Accessed December 16, 2019. https://www.instagram.com/p/Bs1wFllFveP/?igshid=1tzi9m1felum7.

4. James, Vince. "The 12-Month Millionaire." *The 12-Month Internet Millionaire*. Accessed November 22, 2019. https://www.12monthinternetmillionaire.com.

5. Lee, Bruce. September 12, 2017. "Research Your Own Experience."Podcast audio. *Bruce Lee Podcast*. https://brucelee.com/podcast-blog/2017/9/12/63-research-your-own-experience.

6. Indie Film Hustle. "Screenwriting: The Hero's Journey with Chris Vogler-IFH Film School - Indie Film Hustle." *YouTube*. October 18, 2017. http://www.youtube.com/watch?v=7ZzeTuFen9E.

7. Guo, Jerry. "The World's Best Guinea Pig." *Newsweek International*. Accessed February 4, 2020. https://www.questia.com/magazine/1G1-246190621/the-world-s-best-guinea-pig.

8. Barry, Nathan. "Endure Long Enough to get Noticed." *Nathan Barry* (blog). February 18, 2019. https://nathanbarry.com/endure.

9. Dwinwell, Mason. *Eat the Sun*. DVD. Directed by Peter Sorcher. San Francisco: Sorcher Films, 2011.

10. "Bulletproof Coffee: Everything You Want to Know (Plus the Recipe)." *Bulletproof.* Accessed February 4, 2020. https://www.bulletproof.com/recipes/bulletproof-diet-recipes/bulletproof-coffee-recipe.

11. Kennedy, Dan. "Renegade Millionaire System." *Dan Kennedy's Magnetic Marketing.* Accessed February 4, 2020. https://store.nobsinnercircle.com/renegade-millionaire-system-cd-dvd-manual-and-book.html#.XjnoD2hKjIU.

12. Abraham, Jay. "Famous Quotes from Jay Abraham." *Famous Quotes.* Accessed February 4, 2020. http://famousquotefrom.com/jay-abraham/.

13. Warren, Blair. *The One Sentence Persuasion Course.* Warren Production Services, Inc, 2013.

14. Roosevelt, Theodore. "20 Inspirational Theodore Roosevelt Quotes." *Dose of Leadership.* Accessed February 4, 2020. https://www.doseofleadership.com/20-inspirational-theodore-roosevelt-quotes.

機密 #2

15. "Strategy vs. Tactics: What's the Difference and Why Does it Matter?" *Farnam Street* (blog). Accessed February 4, 2020. https://fs.blog/2018/08/strategy-vs-tactics.

機密 #3

16. Kim, W. Chan and Renee A. Mauborgne. Blue Ocean Strategy. *Harvard Business Review Press*, 2016.

17. Ramadan, Al, Dave Peterson, Christopher Lochhead, and Kevin Maney. *Play Bigger: How Pirates, Dreamers, and Innovators Create and Dominate Markets.* HarperCollins US, 2016.

18. "David Ogilvy (businessman)." *Wikipedia.* Accessed February 4, 2020. https://en.wikipedia.org/wiki/David_Ogilvy_(businessman).

19. Maynard, Navah. "The Dove Effect: Ogilvy on Positioning." *Medium.* May 10, 2016. https://medium.com/ogilvy-on-digital-advertising/the-dove-effect-ogilvy-on-positioning-4a88f68c48bc.

20. Ferreira, Miguel. "The Man Who Invented Orange Juice." *Medium.* December 11, 2018. https://medium.com/@_miguelferreira/the-man-who-invented-orange-juice-2721147b8498.

21. Polish, Joe and Tim Paulson. *Piranha Marketing.* Nightingale Conant, 2004.

機密 #4

22. Shedden, David. "Today in Media History: Apple's Steve Jobs Introduces the iPod in 2001." *Poynter.* October 23, 2014. https://www.poynter.org/reporting-editing/2014/today-in-media-history-apples-steve-jobs-introduces-the-ipod-

in-2001.

23. Hoffer, Eric. *The True Believer: Thoughts on the Nature of Mass Movements.* HarperCollins US, 2019.

24. Sullivan, Dan. *The Dan Sullivan Question.* Strategic Coach, 2010.

25. Poulin, Kaelin Tuell. "Swap 7 Bad Habits for Good Ones in 7 Days and Move on Forever!" *LadyBoss* (blog). Accessed February 4, 2020. https://ladyboss.com/blog/lifestyle/swap-7-bad-habits.

機密 #5

26. Bilyeu, Lisa. *Instagram.* Accessed February 4, 2020. https://www.instagram.com/lisabilyeu.

27. "Samuel Brannan." *Wikipedia.* Accessed February 4, 2020.https://en.wikipedia.org/wiki/Samuel_Brannan.

機密 #6

28. Runyon, Joel. "Impossible Case Study: Sir Roger Bannister and the Four-Minute Mile." April 5, 2014. *Impossible.* https://impossiblehq.com/impossible-case-study-sir-roger-bannister/#Roger_Bannister_changed_his_story.

29. "Four-Minute Mile." *Wikipedia.* Accessed February 4, 2020. https://en.wikipedia.org/wiki/Four-minute_mile.

30. Humphrey, Jack. "John Reese: The Million Dollar Man." *Jack Humphrey* (blog). Accessed February 4, 2020. https://jackhumphrey.com/john-reese-the-million-dollar-man.

31. "You Are Only ONE 'Swipe' Away from Becoming Rich . . ." *Warrior Forum.* Accessed February 4, 2020. https://www.warriorforum.com/copywriting/894257-you-only-one-swipe-away-becoming-rich-swipe.html.

32. Gibson, Mel. *Braveheart.* Santa Monica: Icon Entertainment International,1995.

33. "Napoleon on War." *Napoleon Guide.* Accessed February 4, 2020. http://www.napoleonguide.com/maxim_war.htm.

Part Two

機密 #7

34. Spice, Byron. "Most Presidential Candidates Speak at Grade 6-8 Level."*Carnegie Mellon University.* March 16, 2016. https://www.cmu.edu/news/stories/archives/2016/march/speechifying.html.

35. McAvoy, James. *X-Men: First Class.* DVD. Directed by Matthew Vaughn. Los Angeles: Twentieth Century Fox, 2011.

機密 #8

36. Seastrom, Lucas. "Mythic Discovery within the Inner Reaches of Outer Space:

Joseph Campbell Meets George Lucas." *Star Wars*. October 22, 2015. https://www. starwars.com/news/mythic-discovery-within-the-inner-reaches-ofouter-space-joseph-campbell-meets-george-lucas-part-i.

37. Campbell, Joseph. *The Hero with a Thousand Faces*. New World Library, 2008.

38. Future Artists. "Lucasfilm Fan Club - George Lucas Joseph Campbell Mythology, Religion, Creativity." *YouTube*. August 11, 2018. https://www.youtube.com/ watch?v=-TpXdM3i5V0.

39. McGuire, Sara. "What Your Favorite 6 Movies Have in Common (Infographic)." *Venngage*. June 25, 2018. https://venngage.com/blog/heros-journey.

40. Hauge, Michael and Christopher Vogler. *The Hero's 2 Journeys*. Audiobook. Accessed February 4, 2020. https://www.audible.com/pd/The-Heros-2-Journeys-Audiobook/B002VA8MWA.

機密 #10

41. Robbins, Tony. "Are You Telling Yourself the Full Story?" *Tony Robbins* (blog). Accessed February 4, 2020. https://www.tonyrobbins.com/stories/date-with-destiny/are-you-telling-yourself-the-full-story.

Part Three

機密 #12

42. Ferriss, Tim. Presentation at Genius Network, New York, New York.

43. "Modus Ponens." *Wikipedia*. Accessed February 4, 2020. https://en.wikipedia.org/ wiki/Modus_ponens.

機密 #14

44. VanHoose, Dave. "Dave VanHoose on Automated Webinars that Sell." DishyMix. Podcast audio. http://podcasts.personallifemedia.com/podcasts/232-dishymix/ episodes/157047-dave-vanhoose-automated-webinars.

機密 #15

45. Fladlien, Jason. "Webinar Pitch Secrets 2.0." Jason Fladlien (blog). Accessed February 4, 2020. https://jasonfladlien.com.

Part Four

46. Miller, Donald. *Building a StoryBrand*. HarperCollins Leadership, 2017.

機密 #19

47. Chaperon, Andre. "Andre Chaperon." Andre Chaperon (blog). Accessed February 4, 2020. http://www.andrechaperon.com.

專家機密

流量致富時代，從圈粉到鐵粉的 19 個金牌腳本

Expert Secrets : The Underground Playbook for Converting Your Online
Visitors into Lifelong Customers

作　　　者	羅素・布朗森（Russell Brunson）	
譯　　　者	李靜怡	
主　　　編	林玟萱	

總　編　輯　李映慧
執　行　長　陳旭華（ymal@ms14.hinet.net）

出　　　版　大牌出版 / 遠足文化事業股份有限公司
發　　　行　遠足文化事業股份有限公司（讀書共和國出版集團）
地　　　址　23141 新北市新店區民權路 108-2 號 9 樓
電　　　話　+886- 2- 2218-1417
郵撥帳號　19504465 遠足文化事業股份有限公司

封面設計　FE 設計 葉馥儀
排　　版　新鑫電腦排版工作室
印　　製　成陽印刷股份有限公司
法律顧問　華洋法律事務所　蘇文生律師

定　　價　520 元
一　　版　2022 年 2 月
二　　版　2023 年 10 月
有著作權　侵害必究（缺頁或破損請寄回更換）
本書僅代表作者言論，不代表本公司／出版集團之立場與意見

國家圖書館出版品預行編目資料

專家機密：流量致富時代，從圈粉到鐵粉的 19 個金牌腳本／羅素・
布朗森 (Russell Brunson) 著；李靜怡 譯 . -- 二版 . -- 新北市：大牌出版，
遠足文化發行，2023.10
412 面；14.8×21 公分
譯自：Expert secrets : the underground playbook for converting your online
　　　visitors into lifelong customers.
ISBN 978-626-7305-85-0（平裝）

1. 網路行銷　2. 電子商務　3. 行銷策略